科學破案少女 1

# 日常生活有危機！

Science × Detective

陳偉民——著
LONLON——繪

推薦序

# 科學之於生活，如影隨形

盧俊良／宜蘭縣岳明國中小自然老師
「阿魯米玩科學」粉絲頁版主

一提到偵探、推理，就想到許多名著，這些作品的主角們憑藉著細心的觀察、專業的推敲，鋪陳出一段又一段的轉折，最後總能在看似完美的犯罪案件中找到蛛絲馬跡，發現破案的關鍵。除了那些家喻戶曉的偵探、推理名著外，欣見科教前輩陳偉民老師集結專欄作品，推出「科學破案少女」系列。「科學破案少女」雖以偵探、推理爲故事大綱，但文中沒有神祕的黑衣人、炫麗的爆破、密室殺人事件，以及看似荒誕不經的內容，只有滿滿的即視感，就像是發生在自己身邊的故事，當你讀著索然無味的生物、地科、物理、化學課本，心想著浪費時間讀這做什麼時，「科學破案少女」可以讓你豁然開朗，重拾學習科學的動力。

從小到大，科學知識的學習一直停留在「背多分」，不求甚解。小時候最喜歡的自然課，隨著年紀愈來愈大，科學課漸漸變得像張牙舞爪的怪獸，成了學子們最大的夢魇。閒暇聊天，一談到科學，就換個話題，深怕愈聊愈冷，成了句點王。但是科學的知識就像是魚和水，魚在水中優游，水看似不重要，但魚卻無法離開水而活。雖然我們可以逃避科學知識的學習，但是科學並沒有離我們而去，它隨時隨地、如影隨形，影響著我們生活的每一刻。

老師、家長常常耳提面命，到外面用餐要特別小心，尤其是飲料只要離開視線外，就不要再喝，以免喝入陌生人刻意放入的不明粉末，破財傷身；神祕的金光黨，只要靠近被害人，輕輕吹一口氣，就會讓人失去意識，把存摺裡的錢盜領一空。還有千面人事件、王水殺人事件……每一件不管是真或假新聞，總讓人擔心，深怕自己是下一個受害者，而這些都跟科學有關。

「科學破案少女」系列共有《日常生活有危機！》和《犯罪跡證在哪裡？》兩冊，涉獵極廣。糖尿病和丙酮、肉毒桿菌毒素、米氏線、一氧化碳、鉈、炭疽桿菌、羅眠樂、寧海準、丙烯酸纖維、長葉毛地黃苷、丙泊酚、烏頭鹼，還有近年很夯的3D列印等。在這些專有名詞中，有些看都沒看過，也很少在課本中出現，不是化學專長的人大概連唸都唸不出來。這些陌生的詞彙，對人類而言，有些是藥物，有些是毒物，可以救人，也可以害人，如同霍夫曼在《迴盪化學兩極間》一書中提到「當代文明的許多成就少不了化學的貢獻，但許多災禍也離不開化學。化學就像刀的兩刃，能克敵，亦能行惡」。

透過「科學破案少女」精彩的解謎歷程，連結科學議題，將撲朔迷離的刑事案件，運用豐富的科學知識抽絲剝繭，讓我們正視這些生活上可能碰到的化學物質，內容精彩，值得細看。

觀察是理論所蘊含的，好奇心是驅使探究的動力。近年大學學測自然科題目更加結合時事，學習不再是閉關苦讀，更要能知天下事，運用所學解決生活上的難題。主角明雪和弟弟明安將對化學的愛好，運用在日常生活中，解決了懸疑的奇案，也幫助了周遭的人，他們憑藉的是對科學的熱愛、求知的渴望與靈活思考連結，正是善用知識的最佳典範。偉民老師透過明雪和明安兩姊弟，將搖頭丸、氧氣指示劑等社會新聞中常見事件融入故事中，除了貼近生活外，也讓我們一窺化學領域的神祕面紗，接近眞實的感受，除了是一本讓人想一頁接著一頁讀下去的書外，也是實用的科普書、大學學測參考書，錯過可惜。

作者序

# 生於斯，長於斯

「科學破案少女」系列是由已停刊的《幼獅少年》中「大家來破案」專欄集結而成。《幼獅少年》創刊於一九七六年，是歷史悠久，多次獲獎的優良刊物，如今不敵大環境之變遷而停刊，令人不勝唏噓。

科學破案少女明雪誕生於臺北縣的《青年世紀》。後來被《中國時報》看中，刊登於該報北部版，成爲有獎徵答的報紙專欄，讀者答題熱絡，每次刊載本專欄那天，報社的傳眞紙都會用罄。結束與報社之合作後，本專欄又受《幼獅少年》之邀，轉移陣地，繼續刊載。

明雪在《幼獅少年》初次登場是二〇〇三年九月（三百二十三期），專欄名稱叫「科學偵探王」（年代太久遠，連我都忘了曾經有這個專欄名稱），篇名叫「大家來辦案」。一開始是每月一篇，後來因爲我工作繁忙，曾暫停一段時間。再度恢復時，專欄名稱改爲「大家來破案」。後來有幾期改以圖畫呈現，再度改回文字專欄後，迫於我無法撥出太多時間寫稿，改採隔月刊登，直到停刊。

這一路走來，時間十分漫長，漫長到臺北縣已經改制爲新北市，《青年世紀》和《幼獅少年》都停刊了（咦？原來都是我害的！），只有明雪還在讀高中。既然雜誌已經停刊，將來也不會再寫這一系列的作品了，這次集結成冊，算是明雪的最後一舞了。

這個專欄寫了幾十年，一開始很容易，科學原理隨手拈來，就可以編成一段偵探故事。但是寫過的題材不能重複，加上個人才氣不足，就愈來愈難寫，愈寫愈複雜。題材不足時，就向社會新聞取材，反正社會上永遠不缺詐騙、搶劫、綁票等犯罪事件；專業知識不足時，就多讀書。爲了寫作這個專欄，我定期閱讀國際鑑識科學期刊，不但作爲寫作的題材，對我的教學也很有幫助。

爲了避免故事場景侷限於校園，只好經常出外旅行（多麼好的藉口呀！），書中描繪的景物都是筆者日常或旅遊時的見聞。現在重讀這一系列的作品，當時寫作時的社會氛圍，構思時的掙扎，歷歷在目。

科學原理沒有國界，牛頓運動定律在英國、義大利和臺灣同樣適用。物理化學的原理和定律，就算拿到外太空或別的星系同樣適用。否則我們就無法推算出哈雷彗星的週期，也無法得知太陽裡有哪些元素了。但是景物風情則各地不同，撒哈拉沙漠和日月潭就是迥然不同的風景，西藏人的天葬習俗，不可能移植到臺灣來。

這本書裡，故事中的人、事、時、地、物完全是本土的。刑事案件大多是臺灣眞正發生過的刑事案件，包括發生地點，也盡量符合實情，僅加以改編，使其適合情節的推展。時間上則穿插著這二十多年來臺灣陸續發生的大小事，包括臺中辦花博、COVID-19疫情爆發等。明雪和我們同樣生於斯，長於斯！

在這世局紛紛擾擾之際，我在閱讀、寫作和教導科學原理時，心中往往生出一股令人安心的恬靜。因爲科學的態度就是不偏頗，講證據。意見不同時，就用實驗檢驗誰是對的。而且許多科學研究十分細膩，可以爲人揭去表面上那層面紗，看出事情背後的眞相。

譬如在《科學破案少女2犯罪跡證在哪裡？》的案件〈繡球花的指證〉中，農場主人說，繡球花品種完全相同，只是因爲土壤的酸鹼性不同，而呈現不同顏色，所以在栽培繡球花時，可以在不同區塊的泥土裡灑下不同的材質，例如石灰、咖啡渣和果皮等，讓土壤的酸鹼性不同，開出來的花顏色就不同。不過，這只是表面的原因，如果對事情的了解只有這麼淺薄，這個案子就破不了啦！因此藉由明雪的爸爸指出，使繡球花變色的眞正原因是鋁，只不過酸鹼會影響鋁的溶解度，因而影響花青素與鋁的鍵結。所以找到硫酸鋁工廠，就找到肉票被囚禁的地點。在我看來，找出繡球花變色反應機構的科學研究，近乎優美。

書中介紹了不少科學知識，在我寫作過程中，帶給我很多喜悅，希望您在閱讀這兩本書時，也能有相同的感受。

陳偉民 謹識
二〇二三年一月

# 人物介紹

## 媽媽

在銀行上班的職業婦女，對辦案沒興趣，只希望全家人平安。

## 爸爸

本名為陳義志，高中化學老師。明雪在辦案過程中，如果有化學問題，會向爸爸請教。

## 明雪

高中女生，喜歡科學，是學校化學研習社的社長。經常用科學知識協助警方辦案，希望將來長大後能成為法醫或鑑識專家。

## 明安

小學生，喜歡打棒球，愛吃鬼。觀察力強，認識各種廠牌的汽車，經常利用敏銳的觀察力提供警方破案線索。

## 李雄

刑事組長，體格壯碩，和陳義志是同學。重視明雪和明安的意見，經常因此破案。

## 魏柏

私家偵探，武術高手，有時候與保險公司合作，偵辦詐領保險金案件。

## 張倩

鑑識專家，配合李雄辦案。經常提供鑑識專業知識供明雪參考，有時也會讓明雪動手做一些簡單的檢驗工作。

# 目錄

Missing

案件 1

# 藥盒裡的氧氣指示劑

今天早上，明安邊吃早餐邊看報，準備吃完早餐要到學校上課，沒想到報上出現一則新聞，吸引了他的目光——外國遊客在臺失蹤，家屬著急來臺尋人。

明安仔細閱讀，發現原來是有一位名叫米爾的俄羅斯青年，在幾天前到臺灣自助旅行，家屬最後一次得知他的消息是在一星期之前，他在烏山頭水庫自拍，相片貼在臉書上，但從以之後，音訊全無，手機也關機。由於當初米爾有與家人約定，一定要每天報平安，如今聯絡不上，家人十分著急，昨天搭機來臺，請求警方協助尋人。

一星期前？烏山頭水庫？明安不禁聯想起，他們全家也在上個週末，距今四天前，利用週末假期，到臺南遊玩……

那天，由爸爸開車，清晨出發，約中午時抵達臺南。先在一家農舍用餐，享用傳統臺灣美食，下午參觀臺灣歷史博物館。還記得當時一家人看得津津有味，走出博物館時，天色已暗。

明安問：「晚上住哪裡？」

爸爸說：「我們去住工業研究院……。」

其他三人都嚇一跳：「啥？研究院？有沒有搞錯？」

爸爸笑著說：「工研院的南分院就位於臺南市的六甲區，不要被研究院三個字嚇到，那裡是開放空間，歡迎一般人參觀，而且裡面設有招待所，只要付出很低的費用，就可以住宿。不過我要事先聲明喔！這可不是旅館，不會有人服務，也沒有豪華的設備，連餐點也不供應，但有提供廚房供房客使用。」

明雪興奮的說：「本來住宿的地方就不需要多豪華嘛！只要乾淨和安靜就好了。那裡設有廚房，我們可以自己買食材烹煮，很有意思。」

媽媽說：「今天大家都走累了，不要再大費周章煮晚餐了，等一下如果有路過大賣場的話，就買一些熟食到招待所吃好了。」

於是爸爸用衛星導航搜尋附近景點，發現兩公里外，就有一家大賣場，便把車子開到那裡採購食物。

媽媽在熟食區逛了一圈後，決定買一隻烤雞，大家分著吃；爸爸怕大家吃不飽，拿了一包麵條；明安則看中零食區的餅乾。採購完畢後，一家人上車，往招待所出發。

明安在吃完晚飯後，拿起剛買的餅乾包裝撕開時，發現每一片餅乾都用塑膠袋包起來，袋裡附有一張白紙，白紙上貼了一張狹長的紅色紙片，白紙上寫著「氧氣指示劑」。

「咦，我們自然課有學過酸鹼指示劑，但是沒聽過氧氣指示劑，這是什麼？」

他好奇的閱讀了包裝上的說明：**若「氧氣指示劑」發生變色的情形，則包裝內的食品即不宜再食用。**

爸爸見他摸不清頭緒，就對他說：「有些食品或藥品的廠商，害怕產品在運送及銷售的過程中，發生包裝破裂，氧氣滲入，使產品變質的情形，會在包裝中加入氧氣指示劑。一旦包裝破裂，指示劑就會變色，消費者就不應該再使用這種產品。」

明安半信半疑的把塑膠袋撕開，結果紅色的紙片，不久之後就變成紫色：「撕開包裝才變色，證明產品沒有變質，我可以安心的吃。」說完一口把餅乾咬下，惹得其他人哈哈大笑。

第二天清晨，明雪和明安起床時，爸爸對他們說：「由於招待所不提供早餐，所以我和媽媽要開車到六甲市區購買，你們兩個由招待所前面這條山路走過去，就可以到烏山頭水庫，我們會把車開到那裡等你們。」

「啊？我們兩個小孩自己走？要是迷路怎麼辦？」明雪和明安以為爸爸是開玩笑的。

「放心啦，沿路有很多登山的民眾，跟著他們走就對了。」說完，爸爸和媽媽就開車走了。

明雪和明安只好依路標往烏山頭水庫前進，一路上果然有許多早起運動的民眾，三五成群，邊走邊聊，甚至有人用跑的。明雪和明安肚子餓，走路比平常更慢。不久就發現山路上只剩他們兩人，這時走到一個岔路，姊弟倆不知接下來該往哪一條小路走，經過討論之後，決定選左邊的路。又走了一段，還是沒見到其他路人，不過沿途都可以透過茂密的樹葉縫隙看見潭水，推斷自己應該一直環繞著水庫在走，心中的疑慮紓解不少。約莫又走了半小時，來到一棵大樹旁，明安又餓又累，就癱在樹下休息。

這時他發現樹下雜草裡，有一個小紙盒，紙盒上寫著他看不懂的奇怪文字。他好奇的把紙盒打開，裡面有個玻璃瓶，抽出玻璃瓶一看，裡面有一些棕色的膠囊，看來是藥，瓶內還有一張紅色紙片。

「嘿，姊，你看，這瓶藥裡也有氧氣指示劑喔！」說著就打開瓶蓋，把紙片抽出來。

「那是別人的藥，不要亂動。」明雪想阻止他，可是已經來不及了。

「又沒關係，反正是丟在地上，沒人要的。」那張紙片一離開瓶子，很快就變成藍色的，「嗯，跟我昨天餅乾裡的氧氣指示劑顏色不同，我兩種都要留下來當紀念。」

兩人休息夠了之後，又走了半小時，終於到達烏山頭水庫。爸爸的車早已停放在停車場，並且準備了小籠包和味噌湯，等候他們享用。明安當時急著要把肚子填飽，沒有再提起樹下撿到藥盒的事。直到現在……

看到報上刊登俄羅斯背包客米爾失蹤的消息，不禁想到他在樹下撿到的那瓶藥，那些古怪的文字，難道是俄羅斯文？明安急忙把他的疑慮向爸媽說了。

「古怪的外國文字，你可以形容一下嗎？」爸爸問。

「就有點像英文，又不是英文，連N都左右顛倒。」明雪也看過盒上的文字，所以就補充說明，描述那種文字的古怪之處。

「哇，那應該是俄羅斯字母沒錯，這是重要訊息，應該提供給警方參考。當初撿到的藥盒還在嗎？」爸爸說。

好累喔~~
嘿，姊，你看，
這瓶藥裡也有氧氣指示劑喔。
那是別人的藥，不要亂動！
又沒關係，反正是丟在地上，沒人要的。

明安有點懊惱的說：「因為姊姊在一旁大驚小怪，所以我沒有留下藥盒，只留下那片氧氣指示劑。」

明雪不禁抗議道：「我哪知道那會和刑案有關？不是我們的東西本來就不該撿嘛！」

媽媽見兩姊弟又在鬥嘴，急忙制止：「別吵了，趕快把撿到的紙片送過去給警方，說不定有什麼蛛絲馬跡，可以幫助釐清案情。不過臺南太遠，你們趕緊交給李雄叔叔處理吧！」

媽媽接著又說：「救人要緊，那名背包客已經失聯一星期了，不趕快找到人，萬一發生危險怎麼辦？你們就請半天假吧。」

姊弟兩人急忙打電話向學校請假，然後趕到警局，但是李雄外出辦案，於是明雪就建議直接到警方實驗室找鑑識專家張倩。

張倩聽完事情的經過之後說：「我會請人把這項訊息通知臺南警方，至於這兩片氧氣指示劑，我可以直接在這裡化驗，有任何發現再一併呈送給承辦的警官。你們兩個在外面等我一下。萬一證實那個藥盒屬於米爾的，臺南警方應該會請你們提供更進一步的訊息。」

姊弟倆便到實驗室外等候，等到幾乎要打瞌睡了，張倩才叫他們進去。

「化驗結果顯示，兩片氧氣指示劑的成分相似，但是比例不同。兩片都含有玫瑰紅，當然顧名思義，可知那是一種紅色的色素。兩片指示劑也都加了亞甲藍，亞甲藍在沒有被氧化時是無色的，所以紙片本來是呈現紅色。為了確保亞甲藍能呈無色，臺灣餅乾使用的指示劑加了維生素C當還原劑，外國藥品這一片用了葡萄糖，成分不同，但是作用類似……」

明安聽到這裡，已經暈頭轉向，完全聽不懂，想提出疑問，卻被明雪搖頭制止，只好繼續聽下去，反正不懂的地方，等一下再問姊姊好了。

「……一旦包裝被撕開，氧氣會把亞甲藍氧化成藍色。臺灣的配方中，亞甲藍較少，所以藍色和紅色混合成紫色。另一片指示劑中，亞甲藍的量很多，壓過紅色，所以呈現藍色。兩種指示劑，原理相同，配方不同，正好可以用來追查製藥廠商。我剛才和米爾的家屬通過電話，他們說米爾有貧血的毛病，必須每天服用鐵劑，所以他由俄羅斯出發時，背包裡就帶了整盒的鐵劑。我根據他們提供的資料，與俄羅斯的藥廠聯絡上，證實他們出產的鐵劑裡有放氧氣指示劑，成分比例都與我化驗出來的結果相符，換句話說，你撿到的應該就是米爾掉落的藥。現在我要你向臺南警方描述你撿到藥盒的地點。」說完，張倩用電話撥了一個號碼，然後切換成免持聽筒的模式。

「方警官，撿到藥盒的兩位小朋友已經在線上了，你有什麼問題，儘管問吧！」

電話那頭傳來女警的聲音：「兩位小朋友，我是官田分局的方警官。感謝你們提供的線索，但是烏山頭水庫的範圍太大，我們的警力如果分散開來，恐怕無法很快找到人，麻煩你們描述一下撿到藥盒的地點，這樣我們可以推估他走的是那一條路線，比較有頭緒。」

明安說：「就在一棵大樹下。」

女警笑出聲來：「小弟弟，那裡大樹很多呀！這樣我們沒辦法確定地點。」

明雪畢竟年紀大一點，便由招待所出來說起，描述了遇到岔路時怎麼走：「……後來在一棵大樹下休息時，我弟弟才撿到藥盒。那棵樹很高，差不多有二十公尺，樹幹很直，樹皮十分光亮平滑，好像上過一層蠟……」

方警官很興奮的說：「聽起像是九芎，俗稱猴難爬。這樣我知道是在哪個地方了，謝謝你們。我們如果找到人，會再通知你們。」

於是他們姊弟倆趕回到學校上課。下午回到家時，發現爸媽在客廳和兩名客人談話，一名是黑髮的外國中年男子，還有一名穿著制服的女警。

爸爸媽媽滿臉驕傲的向客人介紹：「就是他們姊弟倆撿到藥盒的。」

女警笑嘻嘻的自我介紹：「我就是方警官，這位是米爾的父親——古拉先生。因為你們描述的地點，使我們縮小了搜尋範圍，在今天下午找到米爾。他因遺失鐵劑，貧血老毛病發作，頭暈摔下山谷。腿部骨折，無法爬上來。手機又摔壞，無法求救，只靠背包裡幾包乾糧及一瓶水，度過這個星期。我們發現時，他已奄奄一息。要是再過一段時間沒有獲救，只怕凶多吉少。多虧你們倆的協助，他才能獲救，所以雖然米爾身體仍然虛弱，腿部又有傷，必須住院醫治，但是他父親堅持要我帶他搭高鐵北上，當場向你們致謝。」

古拉先生堆滿笑臉，嘰哩咕嚕講了一堆話，姊弟倆一句也沒聽懂，只能笑著一直點頭。

古拉先生臨走時，送了兩人各一份禮物。等客人走了之後，兩個小孩急著拆禮物。明雪拿到的是一組俄羅斯娃娃。

「好漂亮！」明雪高興的向弟弟炫耀。

明安也不甘示弱：「你猜我的禮物是什麼？魚子醬！而且包裝裡還有一片氧氣指示劑！」

全家人為這件巧合，不禁大笑。

## 科學破案知識庫

許多藥品或食品的包裝都會附有「氧氣指示劑」，若氧氣指示劑發生變色的情形，則包裝內的藥品及食品即不宜再食用。

可以作為「氧氣指示劑」的化合物有很多，最常見的是亞甲藍（methylene blue）。亞甲藍在氧化態呈藍色，在還原態則呈無色。亞甲藍必須與數種物質混合，才能作為氧氣指示劑。其中包含還原劑（如維生素C或葡萄糖）及紅色的色素（通常是玫瑰紅 phloxine B）。還原劑使亞甲藍呈現無色，所以我們只看到玫瑰紅的粉紅色，一旦接觸到氧氣（＞5%），亞甲藍即被氧化而變成藍色，如果其顏色壓過色素的顏色，會使指示劑呈藍色；如果藍色與紅色的顏色相當，指示劑就呈紫色。總之，再次提醒，一旦指示劑變色，表示包裝已破損，裡面的藥品與食品可能已經變質，不應食用。

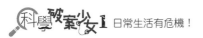

案件2

# 不明「毒」加飲料

明雪是化學研習社的社長，這個星期社團的課程是「尿素甲醛樹脂之合成」。尿素甲醛樹脂是一種熱固性塑膠，也就是說遇到熱也不會熔化，適合製造雨傘、鍋鏟的把手及電器外殼。

明雪和吳韻惠在放學後留下來，接受老師指導，因為老師希望正式上課時能由社團幹部帶領活動。所有的實驗器材及藥品都放在通風櫥裡，老師一邊解說，明雪和韻惠一邊操作。

老師說：「先取甲醛水溶液十毫升。」

明雪打開甲醛水溶液的玻璃瓶，立刻聞到一股刺鼻的味道。她不禁驚呼：

「好臭！」

老師解釋道：「因為這種藥劑就是你們生物課用來製作標本用的福馬林呀！在常溫時，甲醛本身是氣體，所以通常要溶入水中製成水溶液才方便使用，我們使用的福馬林是濃度大約為百分之四十的甲醛水溶液。甲醛有毒，所以這個實驗要在通風櫥裡進行。」

明雪用量筒取了十毫升的甲醛水溶液，倒入小燒杯裡。

「接下來取出尿素固體，溶於甲醛水溶液中，直到飽和。」

韻惠望著那瓶標示為「尿素」的白色固體：「尿素？會不會很臭啊？真倒楣，為什麼今天輪到我幫忙就遇到那麼臭的實驗？」

老師啼笑皆非的說：「尿素沒有氣味啦！要泡在水中很久，尿素才會與水反應，產生氨氣，尿的臭味就是這樣來的，所以小便之後，要趕快沖水，才不會發臭。」

韻惠半信半疑的打開瓶蓋，裡面是白色固體，看起來也不像和尿有任何關係，她用手搧動瓶口，把鼻子靠近，輕輕嗅聞一下，果然沒有任何氣味。

她用刮勺取了一些尿素加到小燒杯裡，用玻璃棒攪拌幾下後，韻惠困惑的問：「飽和？我怎麼知道要加多少進去才會飽和？」

這次老師還沒開口，明雪已經一拳捶在她的肩膀上了：「拜託！飽和溶液就是溶到不能再溶了。你就一直加，一直攪拌，直到不溶為止，就是飽和了。」

韻惠吐了吐舌頭，急忙又加了一刮勺的尿素到燒杯中，用玻璃棒攪拌，白色固體又溶解了：「哇，好涼啊！為什麼會這樣？」

明雪也伸手摸了摸燒杯，果然冰冰涼涼的。她問老師：「這代表尿素溶於甲醛水溶液是吸熱反應嗎？」

老師點點頭：「沒錯！」

韻惠反覆數次添加尿素，再攪拌，終於燒杯底部出現少量白色固體，再怎麼攪拌也不消失：「哇，終於飽和了。」

老師慎重其事的說：「現在只剩最後一步——加入濃硫酸，這個步驟會大量放熱，所以你們不要靠太近；而高溫會造成燒杯裡的甲醛水溶液冒出白煙，這些煙是有毒的，不要吸進去。」

接著老師把通風櫥的玻璃門往下拉，只留一個狹縫，讓她們的雙手能夠伸進去，臉部和藥品之間隔著玻璃門。接著老師打開通風櫥頂部的抽風機開關：「現在可以慢慢滴入硫酸了。」

於是明雪在杯子裡，加入幾滴濃硫酸，並用玻璃棒快速攪拌。果然，燒杯冒出一陣白煙。明雪感覺手中的燒杯突然變熱，並冒出一陣白煙。她喃喃自語道：「原來尿素和甲醛發生反應，生成樹脂的步驟是放熱反應。」這時燒杯裡的水溶液已經全部變成固體了。

老師說：「這就是尿素甲醛樹脂。」

實驗成功，老師交代她們把明天各組要用的器材準備好，就先離開了。韻惠眼看老師離開，立刻悄悄的對明雪說：「今天晚上，有個朋友要開生日派對。我那位朋友是富二代喲，派對是在他家的別墅舉行，有吃有喝，很多人參加，可以認識新朋友。你要不要一起去？」

「不了，明天要考生物，我準備完器材後，要到圖書館讀書。」

「書呆子，那我走囉，別說我沒邀你。對了，我怕我媽不讓我去派對，所以跟我媽說要跟你一起留校做實驗，萬一我媽打電話問你，要幫我掩護喔！」

自從很久以前，韻惠在某一次考試時作弊，被老師抓到記了一次大過之後，她的媽媽對她的行為就不太放心，所以經常打電話詢問明雪有關韻惠在學校的行為，明雪乾脆把她媽媽的手機號碼存在通訊錄。

這時候，明雪急忙說：「我不幫你騙人！」

韻惠翻了個白眼說：「哪有騙人？我剛才不是和你一起做實驗了嗎？不管，

我先走了！」說完，她背起書包就要走。

明雪不可思議的問：「我們器材還沒準備好啊，你不是應該幫忙嗎？」

韻惠揮揮手：「不行，派對時間快開始了。」

明雪只好追上去提醒一句：「派對裡三教九流的人都有，自己小心點。」

韻惠走後，明雪一個人把明天各組要用的藥品進行分裝，忙完這些，天色早已暗了。她把實驗室的門關好，走到校門外的小吃店吃完晚餐後，就到學校旁邊的社區圖書館看書，打算到九點再回去，而她也已事先告訴媽媽今天的行程。

大約八點時，她的手機突然震動了起來，螢幕顯示是韻惠的媽媽打來的。明雪內心天人交戰掙扎了幾秒鐘，最後還是拿起手機，走到閱覽室外的走廊接聽。

「喂？」明雪有點心虛。

「明雪，我是韻惠的媽媽。你們還在學校做實驗嗎？」

明雪心一橫，決定不幫韻惠說謊。因為派對裡那麼多陌生人，她可不想為韻惠的安全負責任：「吳媽媽，其實我們實驗做完了，韻惠現在沒有和我在一起……」

「啥？那麼她幾點回家的？」

「她六點左右就離開實驗室了。」

吳媽媽很生氣的說：「現在都八點了，她還沒回家，到底跑去哪裡？」

「我也不知道。」明雪決定讓韻惠自己去解釋。

「這丫頭，等她回家我要好好跟她算帳。」

過了半小時，吳媽媽又打電話來，這次明雪急忙又跑到走廊接聽。

吳媽媽說：「韻惠剛才已經回家，她回家後，有老實跟我講她做完實驗，就跑去參加朋友的派對。」

明雪鬆了一口氣：「吳媽媽，平安回家就好，不要再責備她了啦！」

「我知道，我只唸了她兩句。」可是吳媽媽的口氣似乎憂心忡忡：「她說在派對中，有個新認識的朋友遞給她一杯冰的奶茶，結果她喝完以後就覺得怪怪的，決定馬上回家。」

明雪不知道韻惠所謂「怪怪的」是什麼意思。

吳媽媽繼續說：「她現在情緒很嗨，我要她睡一覺，她又睡不著，一直喊口渴。我擔心她不知道會不會是被人下了藥，我看電視新聞曾經報導過，現在有一些居心不良的人會把藥加在飲料裡讓女生喝下去。」

「我有聽說過這種案例，吳媽媽，我現在人在學校旁邊的圖書館，離你們家不遠，我現在馬上到你家，看看韻惠的情況。」明雪覺得事態嚴重，掛掉電話後，立刻就用圖書館裡的電腦上網，查詢派對時可能會用到的非法藥物，再比對韻惠

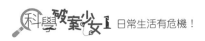

的症狀，她初步判斷，韻惠可能吃到了搖頭丸。

根據找到的資料，這種藥丸最主要的成分是3，4-亞甲二氧甲基苯丙胺，縮寫為MDMA，是一種毒品，在酒吧及夜店裡流行。症狀有精神亢奮、失眠及脫水，甚至可能會死亡。

「毒品？那要報警！」明雪想到有人對她的同學下藥，不禁氣得咬牙切齒：「可是，我有什麼證據呢？萬一不是，豈不是浪費警力？有沒有可能先自行檢測一下？」於是她繼續用網路查詢這類毒品的簡易檢測方法。

「哇，有一種馬奎斯試劑可以檢測多種毒品，太好了！可是我又沒有這種藥劑。」

她仔細閱讀了這種藥劑的配製方法後，不禁露出笑容，並趕快收拾書包，趕回學校，因為高三同學仍在學校自習，所以她沒有受到阻攔就回到實驗室，雖然不確定是否會用上，但還是取了一個裝實驗器材的木箱，趕往韻惠家。

吳媽媽來開門時，已經急得快哭了：「一定是被人下藥了，剛回家時，藥效還沒有發作，還能描述舉行派對的地點。她還說，她要回家時，那個拿冰奶茶的男生拉住她不讓她走。這不是居心不良嗎？可是現在她卻一直唱歌跳舞，不再和我講話。」

客廳裡傳來很大聲的音樂，韻惠正隨著音樂的節拍瘋狂的跳著舞。明雪抓住韻惠，大喊她的名字。可她仍不停的搖頭晃腦、手舞足蹈，完全不理會明雪。

明雪看到她的胸前衣服沾了一些粉末，心想：「這會不會是她和那個男生在拉扯時，沾到對方身上的藥粉呢？」

她急忙請吳媽媽拿來一個白色的瓷盤，然後請吳媽媽暫時抓住韻惠，她由木箱中取出玻璃棒，把那些粉末撥到盤子裡。接著拿出裝濃硫酸和甲醛水溶液的瓶

韻惠！醒醒！
快醒醒啊！韻惠！
這會不會是她和那個男生拉扯時，沾到對方身上的藥粉呢？
吳媽媽，請你先抓好韻惠！

子，她把其中二十毫升的濃硫酸和一毫升的甲醛水溶液混在一起，依照她查到的資料，調製出了「馬奎斯試劑」。接下來她用滴管取了馬奎斯試劑，在離粉末數公分高的地方，擠下一滴試劑，結果試劑立刻變成紫黑色。

明雪篤定的說：「是毒品沒錯，而且可能是搖頭丸。」

吳媽媽嚇得臉色發白：「搖頭丸？前幾天電視剛報導過，新北市有一名大學女生，因為學長餵她吃搖頭丸，結果休克死亡，生日變忌日。太可怕了，現在該怎麼辦？」

明雪說：「要報警。」她立刻用手機撥給鑑識專家張倩，向她描述事件的經過。

張倩驚訝的說：「哇，沒想到你可以自己配製檢查毒品的試劑。沒錯，照你的檢驗結果，可以確定你的同學服用毒品，我會聯絡救護車送她去醫院。我也會趕到醫院去採證，至少要驗尿、驗血。同時李雄組長會依照你提供的派對地址去臨檢，使用這種毒品的人，應該立即逮捕。」

救護車很快就到了，吳媽媽當然跟著韻惠到醫院去，明雪本來也想跟去，但是現在時間已超過圖書館關門的時間了，她怕媽媽擔心只好先回家。可是她心中牽掛不已，整夜難以入眠。

第二天早上，到了學校，看見韻惠沒有上學，急忙打電話給吳媽媽，詢問韻惠出院了沒。

「凌晨就出院了，可是她說很累，我決定讓她在家睡覺。而且下藥的歹徒已經抓到，警方要她下午到分局做筆錄。明雪，你幫她向老師請假一天好了。」

「沒問題。」聽到她已經出院，明雪放下心中的大石頭。

「明雪，謝謝你。」吳媽媽誠心誠意的感謝明雪昨晚臨危不亂的表現。

放學後，明雪當然趕往鑑識科的實驗室，想知道化驗的結果如何。張倩泡了一杯咖啡給明雪，然後請她坐下來，慢慢對她解釋。

「韻惠的尿液和血液都驗出有MDMA，而且李雄也在派對現象搜到搖頭丸，有一名男生承認他把藥丸磨成粉，加到冰奶茶裡拿給韻惠喝。後來韻惠跑掉，他正想物色另一名女生作為下藥的對象，就被李組長逮捕了。韻惠下午也來警局指認過了，就是那個男生拿飲料給她的。所以說，明雪，是你的機警救了現場其他女生。」

張倩啜飲了一口咖啡，繼續說：「但是，我也告訴韻惠，請她在兩個月後回到警局，我要剪下她一小撮頭髮進行化驗。」

「為什麼？」

「我們可以由頭髮的哪一段有含毒品，推算出這個人是什麼時間吸毒的。到時候，如果化驗結果顯示只有這段時間有吸毒，可以證明韻惠是遭下藥。但是如果化驗出來，頭髮中的每一段都有毒品，就證明她是長期吸毒，而不是偶然被下藥了。」

明雪說：「我對我的同學有信心，她不會故意吸毒的。」

「嗯，我也這麼認為，不過這些毒品都很容易害人上癮，所以有必要追蹤一段時間，比較放心。」張倩話鋒一轉，又誇起明雪這次能自行配製馬奎斯試劑是一件了不起的事。

「這種藥劑用途很多，許多和植物鹼相關的毒品，如嗎啡、海洛因、安非他命、甲基安非他命及MDMA等，都能用這種試劑檢驗出來，你能夠由中學實驗室現有的藥品迅速配製成功，愈來愈有鑑識人員的架式了喔！」

## 科學破案知識庫

搖頭丸，又稱快樂丸，最主要的成分是 3,4- 亞甲二氧甲基苯丙胺，縮寫為 MDMA。本身是難溶於水的油狀液體，但通常製成鹽酸鹽，成為可溶於水的無色粉末或晶體。MDMA 是在 1914 年由德國默克藥廠製出取得專利。MDMA 是一種精神作用藥物，有令人興奮的效果，在 1970 年代曾被用在心理治療。到了八〇年代初期，連許多雅痞也開始使用這種藥物。但它有令人脱水、失去食慾、血流不止及失眠等副作用，若與酒精一起服用，很容易導致死亡。到了 1985 年，被宣告為非法。但此種毒品已經流行至青少年及各種音樂會及夜店等娛樂場所。大多數國家都把 MDMA 歸類為非法藥物，是四種最流行的毒品之一（其他三種是古柯鹼、海洛因及大麻）。

案件3

# 被戳破的夢幻泡影

今天是星期六，明雪起床後，悠哉的和家人共進早餐。她一邊嚼著土司，一邊翻閱早報。映入眼簾的一篇醫學報導，標題為「**吹口氣～立測血糖高低**」，令她大感興趣，因為阿公也患有糖尿病，每天早上都要用針扎手指頭，然後擠出血來，才能用血糖機測量血糖濃度。她每次眼看阿公扎針，都很不忍心，如果吹一口氣就能知道血糖濃度，真是太好了。她對相關訊息很關心，便詳讀新聞內容。

原來是一名國立臺灣師範大學化學系的教授發明了一種口哨，病人只要對著口哨吹氣，經過氣相層析儀分離出丙酮。接下來由層析儀排出的氣體，經由迷你哨子發出聲音，麥克風擷取聲波後，再利用電腦程式進行聲波頻譜轉換，能夠觀測到單一譜峰，進而得出丙酮氣體濃度是多少，經過換算，就可以知道血糖狀態。

明雪興奮的把報紙遞給爸爸看：「爸，你們母校同系的教授發明的啊，你認識他嗎？」

爸爸苦笑的說：「不認識，我畢業幾十年了，這些年輕的教授，我一個都不認識。不過他們有這麼傑出的表現，我還是覺得與有榮焉。」

「爸，我還是有疑問呀！糖尿病患者不就是血糖過高嗎？為什麼呼出來的氣體會有丙酮呢？」

爸爸又再度苦笑的說：「如果你問我丙酮是什麼，我可以說得口沫橫飛，但是丙酮與糖尿病是怎麼扯上關係的，老實說我不知道。這可能要去問醫生吧！」

可是明雪的好奇心被撩上來，不找到解答就坐立難安，她決定去找可以提供解答的人詢問：「爸，今天不用上課。我想到警局鑑識科去找張倩阿姨，那裡有法醫可以回答我的問題。」

爸爸想了想，說：「要去警局啊？這樣好了，你順便去找李雄叔叔。你知道，現在正是十月份，這種天氣有點熱又不會太熱，最適合喝……」

明雪馬上接下去說：「……啤酒了。」

爸爸笑嘻嘻的說：「對，對，你幫我邀李叔叔，今天晚上下班之後，一起到我們每年都會去的那一家德國啤酒主題餐廳喝一杯。」

明安在一旁興奮的說：「那我們小朋友不喝啤酒，也可以去嗎？」

「當然可以，那裡也有好吃的德國豬腳，還有炸洋蔥圈等點心，你們不喝啤酒，那裡也賣可樂呀！你忘了嗎？」

明安當然沒有忘，有好吃的，他怎麼能忘記？

媽媽還是板起面孔對明雪說：「你早上先在家裡寫功課，寫完功課，下午才可以出門，到時候在餐廳和我們碰頭就可以了。」

「是，遵命！」

下午明雪抵達警局時，先去刑事組找李雄。可是他正在受理一位民眾的報案，明雪只能靜靜在旁邊等候。

報案人是一位父親，他說就讀高職的女兒林蓉宜，兩天前外出與男網友見面後，就沒有再回家，也沒和家裡聯絡，他央求警方協助找人。

李雄認真的記下案情細節，然後對林爸爸說：「我等一下會到府上搜查令嬡的房間，希望能找到與這名男網友相關的蛛絲馬跡，還有我必須帶回她的電腦，交給警方資訊組的人檢查資料，希望從雙方網路交談的紀錄中，追查出對方的身分。」

林爸爸頻頻點頭：「沒問題，只要能找回我女兒，我會全力配合。」

臨走前，林爸爸握著李雄的手，苦苦哀求：「警官，我忘了說一件重要的事。

我女兒有糖尿病……」

李雄頗感驚訝：「這麼年輕就有糖尿病？」

林爸爸苦惱的說：「第一型的糖尿病，要注射胰島素，她匆忙離開，沒有帶走胰島素注射劑，已經在外面兩天了，再不趕快找到，我怕她血糖萬一失控，後果不堪設想。」

李雄點點頭：「我知道了，一定會優先偵辦這個案子。」

等林爸爸走後，李雄才對明雪說：「我看見你站在那裡很久了，有什麼事嗎？」

明雪就把爸爸邀他共飲啤酒的事告訴李雄。但是李雄皺著眉說：「不行，你剛才應該也聽到一些內容，這位被拐騙的林姓少女，有病在身，不盡速找人，恐怕會有危險。只好向你爸爸說抱歉了，改天等我有空，換我請他喝啤酒好了。」

說完，李雄率領手下的警官就往林蓉宜的家裡蒐證去了。

明雪只好用手機向爸爸報告李叔叔不能應邀，爸爸說：「沒關係，反正我已經訂位了，咱們一家人照原訂計畫到餐廳用餐。」

於是明雪轉到鑑識科找張倩，詢問為什麼糖尿病患者會呼出丙酮。

張倩聽完明雪的問題之後說：「這個問題我就可以回答了，不必找法醫。有一種病稱為糖尿病酮酸症，通常第一型糖尿病患者才會有這種症狀，第二型糖尿病患者只有在特殊情況才會有這種症狀……」

明雪顧不得禮貌，急忙打斷張倩的說明：「對了，我幾分鐘前才剛聽到報案的林爸爸提到什麼第一型糖尿病，現在你又說還有第二型，這兩種有什麼區別呢？」

張倩耐著性子慢慢解釋：「我們吃的主食中含有澱粉，在體內會分解為葡萄糖。」

「這個我知道。」

「但是血液葡萄糖濃度如果太高，會傷害各個器官，若不治療，會造成心血管病病、中風及慢性腎衰竭等各種併發症。所以健康的人在血糖濃度太高時，就會分泌胰島素。胰島素是一種荷爾蒙，它一方面通知肝臟別再製造葡萄糖，一方面下令吸收血液中的葡萄糖，送到肌肉去當能量的來源；並且下令把脂肪儲存起來，不當作能量的來源。這樣，血糖就回到正常濃度了。但是第一型糖尿病的患者，因為胰臟無法產生足夠的胰島素，所以血糖會失控，必須要靠注射胰島素才能穩住病情，這一型的糖尿病通常發生在青少年身上。」

明雪恍然大悟：「喔，原來如此，所以林蓉宜才讀高職就患了糖尿病，原來是第一型的。那我的阿公到了七十幾歲才發現患病，就是第二型的了？」

張倩點點頭：「應該是這樣。第二型的患者是因細胞有胰島素抗性而引起的，簡單的說，就是雖然有胰島素，但是身體不聽胰島素的命令。其實還有其他種類的糖尿病，但是最常見的就是這兩型。接下來，我再解釋為什麼有些糖尿病患者呼出的氣體會含有丙酮。」

明雪立即聚精會神的注意聽，畢竟她跑這一趟，就是要弄懂這件事。

「剛剛提到，胰島素的功能之一，是下令把脂肪儲存起來，不當作能量的來源。缺乏胰島素的患者，身體會切換到另一個模式，把脂肪分解掉，作為能源。於是這樣一來，脂肪代謝後的產品酮體就進入血液中。」

「胴體？」明雪困惑了，胴體不是指赤裸的身體嗎？而且張阿姨的發音好像錯了，「胴」字應該唸「ㄉㄨㄥˋ」才對。

張倩覺得又好氣又好笑：「不是胴體，是酮體。酮體是三種分子的合稱，其中有兩種會在血液中造成酸性，另一種是丙酮。我們在糖尿病酮酸症患者的血液及尿液中，都可以測到較多的丙酮。當然有些丙酮會隨呼吸吐出體外，所以在嚴重的糖尿病患者身上，通常可以聞到丙酮的氣味。」

明雪終於明白那位發明吹口哨測血糖的教授所根據的原理了。她看看牆上的鐘，發現和父母約好的聚餐時間已經快到了，便急忙向張倩告辭。

明雪趕到餐廳時，家人已經到了，而爸爸也早已開喝啤酒。在等候上菜的時間，明雪環視著餐廳，看見有一桌坐著三個年輕人，合叫了一杯兩千五百毫升的大麥啤酒，大聲起鬨著說，一定要喝完；而餐廳最角落的一桌坐著一對情侶，兩人桌上各擺了一杯啤酒，正低聲交談。男的皮膚黝黑，濃眉大眼，約三十幾歲，女的刻意濃妝豔抹，卻掩不住青澀模樣，看起來不到二十歲，而且精神不太好，引起明雪的注意。

她用手肘碰碰明安：「你看看最角落那一桌，你覺得那個女生的年紀大到可以喝酒了嗎？」

明安回頭瞄了一眼，聳聳肩說：「我看不出女生的年紀，不過有一件事很奇怪。」

「有什麼奇怪的？」明雪覺得除了那個女生年紀小卻故意裝大人之外，沒有什麼特別的地方啊！

「你仔細觀察一下，每個人的啤酒杯上都浮著一層泡沫，只有她的沒有。」

明雪轉過頭去瞧，果然看到那個女生面前的啤酒，泡沫明顯塌下去。因為一直瞪著別人看不禮貌，所以她很快回過頭來，可是心裡一直想，為什麼會有這種奇怪的現象？是她先把泡沫喝掉嗎？還是另有原因？她想了一陣子，決心做個實驗看看，便把自己玻璃杯中的可樂喝掉，然後向爸爸說：「你杯子裡的啤酒倒一點給我。」

媽媽立刻制止：「別忘了，你十八歲的生日還沒有到。」

明雪說：「拜託！我不是要喝酒啦！我要做個實驗。」

爸爸果然倒了約一百毫升的啤酒到她的空杯子裡。明雪嫌泡沫不夠多，把吸管放進杯子裡，吹出更多泡沫，然後她向媽媽借了去光水。

拿到去光水後，明雪不說話而是把去光水的瓶蓋打開，滴了幾滴在杯子裡，發現泡沫立刻塌下去。明雪興奮的拍了一下手，抬頭看見媽媽和弟弟都用困惑的眼神看著她，她只好說：「等一下再解釋給你們聽。」

明雪拿出手機，撥給李雄，然後壓低嗓門說：「李叔叔，那個被網友拐騙離家的林蓉宜，你們找到了嗎？」。

李雄嘆了口氣說：「還沒有，因為那名男網友用的是網路暱稱，不是真名，而且每次都在不同的網咖上網，追查起來很耗時，到現在仍然沒有什麼進展。」

明雪說：「你可不可以把她的照片傳給我？」

「為什麼？」

「我懷疑她可能就出現在這家餐廳裡，你傳照片來讓我確認一下。」

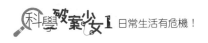

那個女生的啤酒，泡沫明顯塌下去。
是她先把泡沫喝掉嗎？還是另有原因？
嗯~
？
可樂
咕
爸爸，你杯子裡的啤酒倒一點點給我。
別忘了，你十八歲的生日還沒到。
拜託！我不是要喝酒啦，我要做個實驗。
來。

李雄說：「我用即時通訊軟體傳給你。」

明雪收到訊息打開一看，果然是坐在角落那個女生。她立刻就用通訊軟體通知李雄請他盡快來逮人！

這時明雪才小聲向家人解釋事情的來龍去脈，並誇讚弟弟：「都是明安觀察仔細，發現林蓉宜的啤酒沒有泡沫，因而引起我的注意。現在等候警方趕到的這段時間，我們最好若無其事，照常聊天，才不會打草驚蛇。」

明安不懂的問：「為什麼啤酒沒有泡沫你就懷疑她是翹家少女呢？」

「因為林蓉宜有糖尿病，呼出的氣體中含有比較多的丙酮。我猜想是丙酮造成泡沫塌陷，但是不確定，所以用媽媽的去光水做實驗，因為去光水的主要成分就是丙酮，結果泡沫果然立即塌陷，證實了我的想法。畢竟那麼年輕就有嚴重糖尿病的人不多，值得試試看，所以我向李雄叔叔要照片來比對，沒想到果真是她。」

明安又問：「為什麼丙酮會破壞啤酒的泡沫？」

爸爸立即向姊弟倆說明：「可能是丙酮造成啤酒裡的蛋白質沉澱吧！」

這時李雄率領張倩和兩名警員已經走進餐廳，明雪立刻站起來，用手指向角落那一桌，大喊：「人在那裡。」

這時那名男網友發現有異，立刻站起來想跑，但被李雄追上，壓制在地上，戴上手銬。

林蓉宜也站起來想離開，但是走沒兩步，就嘔吐起來。張倩趕上前，立刻為她注射胰島素，一邊斥責她：「傻女孩，你現在嘔吐，表示糖尿病酮酸症已經很嚴重了，要不是我們即時找到你，你會有危險的。他如果真心愛你的話，怎麼會讓你受那麼多苦？」

李雄交代兩名警員把涉案的男網友帶回警局做筆錄，並通知林爸爸來把林蓉宜領回：「感謝兩位小偵探又幫我們破了一個案子，救回一條人命！」

## 科學破案知識庫

酮體是三種水溶性分子的總稱，這三種分子分別是乙醯乙酸、β-羥丁酸及丙酮（如圖），是肝臟分解脂肪酸的過程的產物。前兩種是心臟與大腦的能源，而丙酮則是乙醯乙酸分解後的產物 。

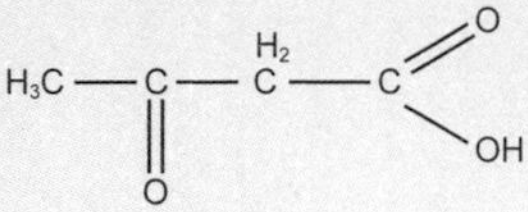

乙醯乙酸

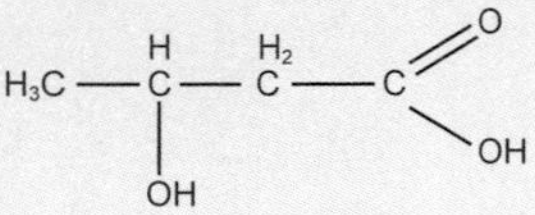

β-羥基丁酸

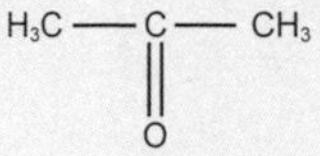

丙酮

健康的人在節食期間，因為體內缺乏碳水化合物，所以會以脂肪酸作為能源，同樣會產生酮體。不過經測試，健康的人呼出的氣體中，丙酮濃度約在 0.1 至 0.7 ppmv（體積百萬分點）。但是第一型糖尿病患者因缺乏胰島素，無法把葡萄糖運送到周邊細胞，肝細胞只好啟動脂肪酸的代謝，以取得能量，因而產生大量酮體。三種酮體分子中，有兩種是酸，所以造成血液 pH 下降，稱為糖尿病酮酸症。第二型糖尿病患者因具有胰島素抗性，有時也有類似症狀。糖尿病酮酸症的患者不只血液及尿液的酮體濃度高，連呼出的氣體中也含有較多的丙酮，經測試可高達 2.2 ppmv。所以憑呼氣中是否含大量丙酮，可作為辨識糖尿病患者的一種簡易方式。

案件 4

# 蜂蜜中的甜蜜危機

這個星期六，明雪要陪媽媽一起去參加媽媽的高中同學會。因為爸爸要利用假日趕工指導學生做科學展覽的研究，無法陪她參加，所以媽媽就要求明雪陪她前往：「你就像我高中時代的翻版，帶你去讓我同學看看當年的我。」

媽媽和明雪抵達時，果然引起一陣驚呼。

「哇！你女兒和你長得真像。」

「簡直是一對姊妹花。」

媽媽雖然口頭上一直說：「唉喲！那有像？我比較老啦！」但是卻笑得嘴都合不攏。

三十年不見的同學們，有些人變化很大，幾乎讓人認不出來；有些人雖然明顯變老，但是變化不大。偏偏有一位名叫黃郁芳的同學，幾乎沒有皺紋，在同學之中顯得特別年輕，只是明雪覺得她的笑容有點僵硬，不太自然。

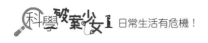

許多同學圍著她問：「哇！你是怎麼保養的？都沒有皺紋，而且臉這麼小，像二十幾歲小女生的V字臉。」

黃郁芳不自然的笑著說：「也沒什麼啦！就早睡早起，飲食清淡，保持心情愉快嘛！」

這時候，另一位同學不留情面的說：「騙人！你還是和以前一樣，有什麼好處都自己偷偷享用，不肯與別人分享。想當年……」

眼看互挖瘡疤的戲碼又要開始了，黃郁芳只好求饒：「好嘛，好嘛，不要再提當年的糗事了，我老實說就是了……其實……我去打了肉毒……」

明雪不明白，她悄悄的問媽媽：「什麼是肉毒？為什麼要把毒打在自己身上？」

媽媽說：「她說的是指肉毒桿菌，聽說可以美容，因為我不感興趣，所以也沒有很了解，你回家再問爸爸。」

餐後，明雪陪媽媽到附近的家具大賣場逛逛，媽媽慢慢在挑選保潔墊時，明雪覺得無聊，就打電話回家，發現爸爸還沒回到家，但是她又等不及想知道肉毒桿菌的真相，於是她想到爸爸的同事，已經退休的生物科秦老師，以前透過電話請教他一些課業，就趕緊找出秦老師的手機號碼，迫不及待的打電話向他請教。

秦老師說：「告訴我你在LINE上的ID，我先傳一張肉毒桿菌在顯微鏡下呈現的樣子讓你看看！」

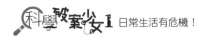

兩人在ＬＩＮＥ上結為好友後，秦老師就傳來一張圖片——在一個圓形的白色框框中間，只看到一群紫色棍子狀的小東西。

於是明雪改用ＬＩＮＥ說道：「原來這種菌是紫色的啊！」

秦老師為她解釋：「那是用龍膽紫染色的結果，顏色沒有意義，但是你可以看出為什麼它叫桿菌，因為它的形狀像細長的桿子。肉毒桿菌會產生一種神經毒素，用來美容的是其實這種毒素，而非細菌。」

「毒素不是對人體有害嗎？怎麼會有美容的效果呢？」

秦老師說：「肉毒桿菌毒素的確是已知最致命的危險病毒之一，如果靜脈裡的濃度有每公斤一點三至二點一奈克的話，就達到半致死量。受到肉毒桿菌感染會造成一種致死的疾病，叫肉毒症。肉毒桿菌毒素會抑制神經末梢分泌的一種神經傳遞質，稱為乙醯膽鹼，缺少這種物質的結果就是肌肉會麻痺。手腳肌肉如果麻痺，人就虛弱；眼皮肌肉如果麻痺，眼睛就睜不開；口腔與舌頭的肌肉如果麻痺，就會口齒不清。」

「好可怕。怎麼還會有人要把這麼可怕的毒素打在自己身上？」

秦老師說：「毒素與藥物本來就是一體兩面，如果控制得宜，這種毒素也可以用在醫療和美容上。比如注射少量的肉毒桿菌毒素到部分肌肉中，就會使這些肌肉維持兩到三個月比較弱。因此這種藥劑可用來治療某些疾病，例如：有一種病叫頸部肌張力不全，患者頭會歪向一邊，就可用這種毒素治療。」

明雪不禁讚歎醫療者的巧思：「哇！好聰明。果然毒素可以變良藥，但是怎麼會用在美容上呢？」

「這種毒素可以麻痺臉部肌肉，使皺紋消失，一般而言，在注射後三到五天就可以看出效果，不過在兩週時效果最好。」

原來是利用肌肉麻痺造成的效果，難怪黃郁芳阿姨的笑容會那麼僵硬，想必黃阿姨是在同學會前兩週時施打，才有那麼好的效果。

秦老師似乎不太放心，叮嚀道：「明雪呀！為了美容而注射肉毒桿菌毒素，會有副作用的，因為它是利用肌肉麻痺達到效果，所以有可能造成臉部表情怪異、眼瞼下垂及複視等不良的後果，你不要輕易嘗試喲！」

明雪聽了不禁笑出來：「老師，你想太多了啦！我只是因好奇而問的，我沒有要打，何況我還年輕，根本沒有皺紋。」

第二天，小舅帶著一家大小來訪。明雪和明安在逗小表弟智凱玩時，發現智凱和之前不太一樣，一直昏昏沉沉，沒有精神。

媽媽抱起智凱，逗了幾分鐘發現都沒有反應，不禁問小舅媽：「這孩子怎麼了？怎麼和平常不太一樣？」

小舅媽說：「我也不知道，本來以為是感冒，可是既沒有發燒，也沒有咳嗽。就是有些便祕、昏睡和沒胃口。他現在母乳和副食品各占一半，交替著吃，可是這幾天母乳也不吸，副食品也不吃，連他平常最愛吃的馬鈴薯泥也不肯張開口吃了。」

媽媽以過來人的口吻說：「小孩子生病不是只有感冒一種，如果拖了幾天不見好轉，還是帶去看醫生比較好。」

「嗯！」小舅媽點點頭，「今天是星期天，大部分診所都休診，如果明天還是不見好轉，我就帶他去看醫生。」

明安不死心，仍上前去逗弄智凱，智凱好像也想回應他，但是眼睛卻睜不開。明安用手去撥開他的眼皮，可是只要手一放掉，智凱的眼皮立刻又垂下去。

看到這一幕，明雪心中突然有不祥的感覺，因為她昨天聽到秦老師提到，肉毒症會讓眼皮睜不開，而且嘴巴和舌頭的肌肉痲痺會造成口齒不清，當然也會造成吞嚥困難，小舅媽口中的沒胃口，說不定就是這樣造成的。難道智凱是感染了肉毒症？

為了避免驚動大家，她躲回房裡，再以LINE與秦老師聯絡：「老師，你昨天說的肉毒症，小朋友會得到嗎？」

秦老師說：「肉毒桿菌在環境不利時，會釋放孢子，等待環境變好時再發芽。這些孢子在氧氣不足，溫度又適宜時，會分泌毒素，只要吃到含大量肉毒桿菌毒素的食物，任何人都有可能得到肉毒症呀！而且未滿一歲的嬰兒因為腸子裡的好菌還沒有生成，也沒有足夠的膽酸可以殺死桿菌，換句話說，他們的防禦機制還沒有建立好，最容易感染肉毒症了！」

「可是小舅媽有潔癖，家裡打掃得一塵不染，飲食也都很注重衛生，怎麼會有孢子呢？」

秦老師大惑不解：「明雪，你到底是在擔心哪個小朋友呢？」

明雪向秦老師解釋了智凱的情況。

秦老師說：「聽你描述的症狀，很像肉毒症，這麼小的小朋友，媽媽大概不會給他吃肉，但是如果有給他吃蜂蜜，就有可能會感染肉毒症。」

「蜂蜜又不是肉，怎麼會讓人得肉毒症，我真是愈聽愈糊塗了。」

秦老師說：「因為蜜蜂採百花，裡面可能含有肉毒桿菌的孢子，根據研究，有百分之二十五的蜂蜜含有肉毒桿菌的孢子，所以一歲以下的嬰兒最好不要吃蜂蜜。」

明雪聽到這裡已經無心再談下去，急忙向秦老師道謝後掛上電話。她跑回客廳，問小舅媽說：「舅媽，你有餵智凱吃蜂蜜嗎？」

「沒有啊！嬰兒不是不能吃蜂蜜嗎？」

「可是智凱現在的症狀很像肉毒症，那是一種危險的疾病，不能等到明天，我建議立刻送智凱到醫院掛急診，至於他從那裡感染的，事後再慢慢追查不遲。」

明雪說。

小舅和舅媽雖然半信半疑，但事關孩子的健康他們也不敢怠慢，急忙依明雪的建議送醫院。

一個小時後，舅舅打電話來，說醫生由肌電圖確定智凱得的是肉毒症：「醫生也說可能是吃到蜂蜜，可是我們真的沒有餵他吃蜂蜜呀！」

明雪問：「家裡有蜂蜜嗎？」

小舅說：「有啊！是我上次在山區買了一瓶，還沒喝完，但是我們沒有拿給智凱喝呀！」

明雪問：「我可以去拿那瓶蜂蜜嗎？」

「我要回家準備智凱住院要用的東西，你可以到家裡和我會合，我拿給你。」

明安在一旁問：「姊，你要蜂蜜做什麼？」

「嬰兒肉毒症最常見的原因，就是喝了蜂蜜。但是小舅他們堅持沒有餵表弟喝蜂蜜，為了找出真正的致病因素，我想拿那瓶蜂蜜請鑑識科的張倩阿姨檢驗看看。」

明安提醒她：「光檢查舅舅家的不夠，說不定是保母餵的。」

「嗯，有道理。」

明雪拿了爸爸準備用來裝藥品的兩個小玻璃瓶，飛快趕到舅舅家。舅舅由櫃子裡拿出一瓶蜂蜜，表示是上次旅遊途中，看到店家標榜說是純蜂蜜，不純砍頭，才買了一瓶。

明雪把小舅家的蜂蜜倒了一些進入小玻璃瓶後，又向小舅解釋，必須到保母家看看是不是有用蜂蜜餵智凱。

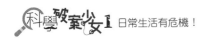

小舅說：「可以，保母就住在附近，我現在就帶你去。」

明雪隨小舅到了另一棟公寓，按門鈴之後，一位白白胖胖的阿婆來開門，她請舅舅和明雪進入屋內，等兩人坐定後，她驚訝的問：「智凱的爸爸，今天是星期天，你怎麼來了？」

舅舅說：「因為智凱感染了肉毒症，我想問你有沒有餵他吃蜂蜜？」

「什麼症？這和吃蜂蜜有關係嗎？」

「醫生說一歲以內的嬰兒不能吃蜂蜜，你該不會餵他吃蜂蜜吧？」

阿婆一臉驚慌：「呃……沒有……當然沒有……」

明雪指著茶几上的蜂蜜說：「那……這一瓶蜂蜜是……？」

「我自己喝的。」阿婆急忙想撇清。

「既然如此，方便我帶走嗎？」

「這……」阿婆似乎很為難。

明雪拿出小玻璃瓶：「我只要裝這麼一點點，我舅舅家的也照樣會送去化驗。除非你的蜂蜜有問題，否則為什麼怕人檢驗？」

阿婆急忙辯駁：「哪有問題？這是我娘家自己養的蜜蜂釀的蜜，品質絕對純正。」

於是明雪順利採得蜂蜜，她在兩個玻璃瓶上分別標示採自舅舅家和保母家，然後和小舅一同告辭出門。

明雪說：「小舅，你快趕去醫院照顧智凱吧，我要送這兩瓶蜂蜜去化驗。」

小舅走遠後，明雪就撥手機給張倩，說明事情的來龍去脈。

張倩說：「我正在實驗室加班呢！我們可以檢驗一下哪一瓶蜂蜜裡有肉毒桿

菌的孢子。」

明雪趕到實驗室之後，張倩先取一滴蜂蜜滴在載玻片上，再加入一滴水混合，用蓋玻片蓋住，然後放在顯微鏡下觀察，之後她啞然失笑：「這根本不是蜂蜜，只是糖漿。」

「啊？」明雪很訝異，「舅舅說賣他的人保證是真的蜂蜜，不純砍頭。」

張倩說：「這是常用的推銷話術，他又沒說砍誰的頭，說不定是砍蜜蜂的頭吧！你看，這裡面完全沒有花粉，真的蜂蜜會有花粉。」

接下來，她們用同樣的方法觀察保母家的蜂蜜：「嗯，這是真的蜂蜜，裡面有花粉。」

「看來智凱應該是吃到保母家的蜂蜜而感染肉毒症？」明雪問。

張倩點點頭：「非常有可能。如果要確定，我們必須針對這些蜂蜜進行更詳細的檢驗。如果給我足夠的時間，我甚至可以由蜂蜜中的DNA找出蜜蜂是採集了哪些植物的花粉，過程中又受到哪些真菌及細菌的汙染。我相信從中找到肉毒桿菌的機率非常高，但是依你的描述，我認為保母不是有意要害智凱，她只是無知，不知道一歲以下的嬰兒不可以食用蜂蜜，她出於善意，用娘家所做的純正蜂蜜餵食，等你們質問時，她又因害怕而不敢承認。我建議你們告誡她以後不可再犯就好了。」

明雪點點頭表示認同：「嗯，我會這樣跟舅舅說。這種沒有惡意犯罪的小案子，還是不要浪費鑑識人員寶貴的時間吧！」

當天晚上，明雪把整個事情的調查經過向弟弟述說一遍：「最後，保母承認她在做木瓜泥給智凱吃時，為了讓味道更美味，加了蜂蜜……」

她做了一個結論：「這件事給我的最大的啟示是：即使是毒素只要應用得宜，可以有醫療用途；反之，即使是純正的蜂蜜，如果餵給不能吃蜂蜜的嬰兒吃，其危害反而比糖漿冒充的假蜂蜜還大。」

沒想到明安竟然回答說：「我倒覺得最大的啟示是：我們可以把各類專家都拉進一個LINE的群組，成為我們辦案的智囊團。」

## 科學破案知識庫

肉毒桿菌毒素是由肉毒桿菌產生，具神經毒性的一種蛋白質。感染此種細菌可能造成致命的肉毒症，也可以製造此種毒素，用於醫療及美容。肉毒桿菌毒素在醫療上可治療頸部肌張力不全、瞼痙攣和腋窩多汗症等各種疾病。這種毒素也可以用於美容，可減少皺紋。但是因為此種用途已經引發數件死亡病例，美國食品與藥物管理局要求必須在包裝盒上加註警語，因為毒素可能由注射處擴散到身體其他部位，引發類似於肉毒症的症狀。

案件 5

# 「砷」冤，要命的偏方

明雪的媽媽因為腹膜炎而住院，家人怕媽媽一個人在醫院無聊，所以爸爸、明雪和明安三人輪班到醫院陪媽媽。這天中午輪到明安到醫院，他走進醫院大門時，正好遇到私家偵探魏柏。

「魏大哥，你怎麼也在這裡。」

「我來調查保險案件呀，那你呢？」魏柏問。

明安只好老實回答：「我媽媽在住院啊！」

魏柏嚇了一跳：「怎麼回事？要不要緊呢？」

「不要緊，只是要按時由靜脈注射抗生素而已。」

魏柏說：「既然知道了，還是應該去探望一下，你稍等一下，我到地下街買一些水果。」

明安急忙制止說：「醫生交代，媽媽要減少水分的攝取。」

魏柏愣了一下：「那……我改買雞精好了，總不好空手去探望病人。」

在魏柏堅持之下，明安只好陪他到醫院的地下街購買雞精，然後搭電梯上十四樓病房。

早上明雪在病房陪媽媽，她尚未離開，看到魏柏和弟弟一起走進來很訝異。媽媽也用責怪的語氣對明安說：「我這病沒什麼大礙，你怎麼通知魏先生呢？還麻煩他跑一趟。」

魏柏連忙說：「不是他通知我的，而是我正好到醫院來調查案件，在門口遇到明安。」

明雪一聽說是調查案件，立刻表現極大的興趣。等魏柏問候完媽媽的病情後，她才問：「魏大哥，你到醫院調查什麼案件？」

魏柏說：「我等一下要到五樓病房，調查一名高中女生住院的案件，因為她母親向保險公司詢問請領住院保險給付，所以公司要我來調查一下。」

媽媽不以為然的搖搖頭說：「這些保險公司真是的，收保費時都按時催繳，請領保險金時，他們就推三阻四。住院補助金一天頂多幾千元，還要派人調查，有那麼嚴重嗎？」

魏柏忙著解釋道：「不是這樣的，這案件確實有些可疑，因為這名病人的父親才剛死亡不久，也向這家保險公司請領了高額保險費，現在女兒又因類似病因住院……」

明雪愣了一下：「五樓……高中女生……父親剛過世……，你說的病人該不會是吳韻惠吧？」

魏柏嚇了一跳：「你怎麼知道我說的病人是吳韻惠？你認識她嗎？」

明雪說：「她是我同學啊！她爸爸不久前剛過世，然後她的身體就一直很不好，天天喊著疲倦，人也明顯愈來愈瘦，最近連走路都不穩，因而開始請假。今天早上我到醫院陪我媽時，在電梯偶遇吳媽媽，她說韻惠也住進這家醫院，正等著做更詳細的檢查呢！所以我知道她住在五樓的病房，只是還沒有空去探望她。」

媽媽問：「五樓不是腫瘤科嗎？難道韻惠年紀這麼小就得到癌症嗎？」

明雪答道：「她是住腫瘤科病房沒錯，但是據吳媽媽告訴我，韻惠吃了很多藥，也在診所看過很多醫生，不但沒治好，連病因也沒找出來，所以換到這家醫院求診。住院只是為了找出病因，醫生計畫要為她做正子攝影及斷層掃描，所以在檢查結果出爐之前，並不確定是癌症。」

魏柏沉吟了一會兒，然後問道：「你能不能告訴我，吳媽媽是什麼樣的人呢？」

「個性慈祥溫和，很照顧韻惠，對我們也都很客氣！」

魏柏又進一步追問：「那麼吳媽媽和她先生的感情好嗎？」

「很好呀！你為什麼這麼問？」明雪有點困惑：「難道你懷疑……」

「我沒有懷疑什麼，只不過我既然接下調查的工作，當然要往各個層面思考。畢竟吳先生在過世前也是因為長期疲勞而看過醫生，但是醫院尚未安排檢查，他很快就過世了。父女兩人的病情有許多類似的地方，必須弄清楚。」說完魏柏立即告辭：「我要到五樓病房去找病人了解狀況了。」

明雪說：「我跟你一起去，我正好去探望一下韻惠。」

明安問媽媽：「媽，我可不可以也跟著去？我很快就會回來陪你。」

媽媽嘆口氣說：「對你來說，偵探工作比媽媽重要，對不對？」

明安尷尬的搔著頭說：「媽媽不喜歡，我就不去了。」

「逗你的啦！我沒事，不需要人照顧，你快去快回。」

魏柏則說：「明雪和明安，你們先去探望同學，我到地下街買些水果再去，我會說是來探望病人，而不說是來調查的。到時候，你們就裝作不認識我。」

明雪、明安進了病房，先向吳媽媽請安，便和韻惠聊天，不過韻惠顯然很累，只能躺在病床上，有氣無力的回答。約十分鐘後，魏柏才走進來，向吳媽媽遞上剛買的一盒水果：「你好，我是保險公司的職員，本公司聽說令嫒住院的事，非常關心，指派我前來探視，同時來協助您辦理理賠事宜。不過在撥款之前，必須先問您一些問題。」

吳媽媽收下水果後，皺了皺眉頭，指著病房外：「我們到家屬休息室那兒談吧！」

等吳媽媽走出去之後，明雪悄悄問韻惠：「你還好嗎？」

韻惠有氣無力的說：「還好，就是人很累。在醫院裡，其實也沒進行什麼治療，只是等著做檢查。倒是我媽一直逼我吃偏方，好難吃。」

「偏方？你的意思是說，不是這家醫院的醫師開的藥。」明雪心裡有一種不祥的感覺。

「嗯，你知道，我從小就有異位性皮膚炎，」韻惠伸出手臂給明雪看，上面有紅腫、起水泡及結痂的現象，「我爸也有這種皮膚炎，這是會遺傳的，所以我也得了這種病，我媽前不久聽說虎尾鎮有一位姓徐的醫生，有一帖祖傳祕方能治這種病，便去買來讓我爸和我吃。現在我爸不在了，我又住院，她還是要我吃。」

這時候明安瞪著韻惠伸出來的手說：「姊姊，你的指甲怎麼會這樣？」

經明安這麼一問，明雪才注意到韻惠的每一片指甲上都有一條新月形的白色橫紋，橫跨整片指甲。

韻惠聳聳肩說：「我也不知道，大概是異位性皮膚炎造成的吧！」

明安好奇的問：「我可以摸摸看嗎？」

韻惠說：「你摸吧！」

明安伸手去摸，發現指甲本身很光滑，可見那些白色橫紋是長在指甲內的，並沒有在指甲外表造成凹凸紋路。

明雪看著那些指甲上的白紋，突然想到要協助魏柏調查此案，她低聲問韻惠：「可以讓我拍下你指甲上的紋路嗎？」

韻惠不解的問：「可以啊！但是你拍這個做什麼呢？」

明雪拿出手機拍照說：「我認識一位懂醫學的長輩，想請她看看這種白紋是不是異位性皮膚炎造成的。另外，可以給我一包你在吃的偏方嗎？我也想請她看看這是什麼藥。」

韻惠打開病床邊小桌的第一個抽屜：「我媽怕醫生知道我在吃偏方，教我把藥藏在這裡。我一天要吃兩包，這包你拿去吧！」她從一大包藥裡抽出一小包，遞給明雪，白色的包裝紙底下包著橘紅色的藥粉。

這時，吳媽媽已經走回病房，明雪急忙把藥包放入口袋。

吳媽媽抱怨道：「這個業務員真煩，住院的保險給付才幾千元，竟然問了一大堆問題，我後來乾脆請他去問醫生。」

明雪和明安趁機告辭。走出病房後，明雪對弟弟說：「下午輪到你陪媽媽，我要拿剛才拍下的照片和這些藥粉去給張倩阿姨看。」

明安點點頭說：「好，有什麼結果要立刻讓我知道喔！」

明雪到了警局鑑識科，先向張倩描述了大致的案情。

張倩皺著眉說：「快把照片拿給我看。」

明雪把手機中的圖片庫打開，找到剛才拍的那張指甲的照片，傳給張倩。張倩只端詳了幾秒鐘，就嘆了口氣說：「我猜得沒錯，是米氏線。」

「米氏線？那是什麼意思？」

張倩說：「米氏線是指手指甲或腳趾甲上出現橫的白線。通常是砷、鉈或其他重金屬中毒，也有可能出現在腎衰竭的病人身上。」

「所以和異位性皮膚炎無關？」

張倩搖搖頭：「無關，現在把她在吃的藥給我，我必須分析一下，才知道究竟是哪一種原因造成米氏線。」

明雪把那包橘紅色的藥粉遞給張倩，張倩打開後，仔細觀察了幾秒鐘：「這種偏方通常都是好幾種藥混在一起，光從顏色看不出是什麼成分，你等我一下，大概十分鐘之內就可以知道結果。」

「哇，這麼快，那我在這裡等。」

十分鐘後，張倩提著手提箱走出實驗室：「大事不妙，你送來的那包藥粉裡含有一百零五毫克的三氧化二砷，我必須到醫院採集吳韻惠的指甲和頭髮，才能更進一步確認她中毒的嚴重性。」

明雪有點訝異：「三氧化二砷？不就是俗稱的砒霜嗎？我記得那是白色粉末。不是橘紅色的呀！」

張倩解釋道：「沒錯！三氧化二砷就是砒霜，本身是白色粉末，但是混了其他草藥，所以才呈現橘紅色。一直到十九世紀末、二十世紀初仍然有人認為吃砒霜可增強體魄，因而把它加入藥中使用。不過這種藥有劇毒，這位販賣含砒霜偏

米式線是指手指甲或腳趾甲上出現橫的白線。
通常是砷、鉈或是其他重金屬中毒，也有可能出現在腎衰竭的病人身上。
所以跟異位性皮膚炎無關？
無關，現在把她在吃的藥給我，我必須分析一下，
才知道究竟是哪一種原因造成米氏線。
這種偏方通常是好幾種藥混在一起，
光從顏色看不出是什麼成分，大概十分鐘之內就可以知道結果。
大事不妙……

方的醫生已經明顯違法。」

這時刑警李雄也來到實驗室，他對張倩說：「我接到你的電話後，立即向檢察官申請調查吳爸爸的死因，必要時，要開棺驗屍。現在我和你一起到醫院去，我要知道那名提供偏方的醫生住在哪裡。」

明雪難過的說：「我不陪你們去了，畢竟我舉發這件事有點尷尬，不過我不能眼睜睜看著我同學把有毒的藥粉吞下去。」她嘆了一口氣，又繼續說：「如果吳媽媽也涉案的話，那麼韻惠豈不是在這麼短的期限內，接連失去父母？」

李雄拍拍她的肩膀說：「你這樣做是對的，如果你不揭發此案，你的同學再繼續服用這種有毒的藥物，恐怕會和她父親一樣，有生命危險。而且不知道還有多少不知情的人仍然在服用這種偏方，這些人的性命將因你和明安的機警而獲得拯救。至於吳太太，目前看來，她應該是誤信偏方，沒有害人的意圖，也許檢察官不會追究她的刑責，你不必太擔心。」

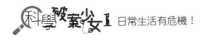

當天晚上，張倩就通知明雪，韻惠的指甲與頭髮都驗出砷，證實韻惠的症狀來自服用偏方而造成的砷中毒。

第二天，報紙刊登了警方在虎尾逮捕一名徐姓密醫，這個人根本沒有醫師執照，卻假冒醫生，販售含砷的有毒藥粉供病人服用。

一週之後，媽媽的療程結束，明雪和明安到醫院幫媽媽辦理出院手續，三人走到大門口打算叫計程車回家，沒想到又碰到魏柏。

魏柏先恭喜媽媽可以康復出院，接著說：「我今天是來幫吳韻惠辦理出院的。既然查出是砷中毒，醫生就開藥給她吃，每天吃三次，症狀很快就減輕，所以今天可以出院，回到家要繼續服藥，不過醫生說砷中毒的預後（醫學名詞，根據經驗預測的疾病發展情況）不好，一兩年內都很難完全康復。因為韻惠身體仍然很虛弱，所以我開車來載她們回家。」

媽媽問：「吳太太還好嗎？」

魏柏說：「吳太太很自責，她認為是因為自己無知而害了家人。」

明雪說：「我怕吳媽媽以後會不歡迎我去她們家找韻惠。」

魏柏說：「怎麼會？吳媽媽一直說韻惠的命是你們姊弟救回來的。她說等韻惠康復，要帶她登門道謝呢！」

## 科學破案知識庫

米氏線是指手指甲或腳趾甲上出現的橫紋白線。這種指甲條紋通常是砷、鉈或其他重金屬中毒造成的，也有可能出現在腎衰竭的病人身上。這個名稱是為了紀念荷蘭醫生米氏（R.A. Mees）而命名的，他在 1919 年描述了這種不正常的指甲現象，不過在 1901 年英國人雷諾德（E. S. Reynolds）和 1904 年時美國人艾德瑞區（C. J. Aldrich）都比他早就描述過相同的現象，所以又稱為雷諾德氏線或艾德瑞區氏線。

案件 6

# 吸一口灰飛煙滅

明雪一家人趁著暑假出國旅遊，因為臺灣的夏天太熱了，所以他們打算到南半球的紐西蘭去度假。

他們一家擠在經濟艙同一排座位上，所有乘客都上機後，座位前的螢幕開始播放影片，教導乘客如何使用逃生器材，同時空中小姐站在走道中央做示範教學。由於航程長達十幾個小時，明安覺得待在飛機上時間那麼長，應該要注意學習各項逃生器材的使用，因此特別用心看螢幕上的講解。

當明安看到影片中氧氣罩降下來那一幕時，好奇的問爸爸：「在什麼情況下，氧氣罩才會降下來呢？」

爸爸把食指擺在嘴脣上，示意他安靜：「先專心看完影片，等一下再講給你聽。」

影片播完，接著飛機就起飛了，上升到穩定的高度後，空中小姐開始送餐，明安吃得不亦樂乎，根本忘了氧氣罩的問題。

他們在奧克蘭機場降落後，爸爸就用租來的車，載著全家人展開旅程。直到用晚餐時，一邊吃飯，爸爸一邊問明安：「你還想知道氧氣罩降下來的時機嗎？」

明安滿嘴塞滿了香噴噴的飯，沒辦法開口，只能點頭。

「現在載客用的噴射機飛行高度很高，空氣稀薄……」

明安把嘴裡的飯吞下，急忙問：「為什麼？我沒感覺和平地有什麼不同啊！」

明雪插嘴道：「笨蛋！空氣分子也是有重量的啊！因為受到重力的影響，所以氣體會往下沉，舉例來說，海平面的氣壓與五千五百公尺高空的氣壓，是二比一。不但如此，空氣中的氧氣又比氮氣重，所以海平面的空氣含氧量比較高，愈到高空，氧氣所占比例就愈低。」

「嗯，你解釋得很好。不過弟弟只是小學生，當然不懂這些，你要耐心解釋，不要動不動就嘲笑他。」爸爸繼續說：「為了讓乘客能正常呼吸，現在的客機機艙內通常會加壓，所以你剛剛在飛機上完全不會察覺氧氣不足。但是如果飛機發生故障，無法加壓，乘客將會缺氧，這時候氧氣罩就會自動落下，你必須立刻抓緊離你最近的一個氧氣罩，戴在口鼻上，否則可能會因缺氧而昏迷。」

「好可怕，幸好我們從來沒遇過這麼可怕的情形！」

他們在北島玩了兩天之後，就搭紐西蘭國內航線，飛到南島。並租了另一輛車開往法蘭士・約瑟夫，找了當地一家旅行社報名冰川旅遊後，等候下午一點鐘出發。

這個冰川攀登團的領隊是一位毛利青年，名叫洪，皮膚黝黑，身手矯健。他把所有團員集合起來，交代一些安全事項：「冰川是動態的，隨時在流動，冰也隨時在熔化，哪裡能踩，哪裡不能踩，全憑經驗判斷。我希望大家跟緊我的腳步，才能確保安全，不要自己亂闖。」

接著發給每名團員一件可以防寒又防溼的厚重外套。團員有十二人，大致分為三個小團體，明雪一家人來自臺灣，另有四名韓國來的年輕女子，其他四名則是德國和荷蘭來的遊客。旅行社派了一輛小巴士把大家載到山腳下，接下來就要徒步攀登了。

果然如洪所說，冰隨時在流動，也隨時在熔化，整個山上都布滿了白色的碎冰，而熔化的冰化成水，形成數股小溝，向山腳下潺潺流去。有時他們要穿過冰所形成的洞穴，熔化後的冰水就落在他們的身上，這時候他們才體會為什麼要發防溼的外套。這是前所未有的全新體驗，所有團員只能小心翼翼的跟在洪的腳步後面，亦步亦趨。

當他們爬到半山腰時，洪宣布這是今天登山路線的終點，上面的路太難走，不適合一般遊客。這時候，突然聽到上面傳來轟隆轟隆的機械聲，大夥抬頭一看，原來天空中飛來了一架直升機。

明安興奮的大叫：「為什麼有直升機？」

洪解釋道：「有些遊客不想登山，可以直接搭直升機觀賞冰川的美景。而且徒步的話，一次只能遊覽一座冰川，搭機的話可以一口氣觀賞兩個冰川和一座積雪的高山。這附近除了這一座法蘭士．約瑟夫冰川外，還有福克斯冰川及庫克山。」

明安問爸爸：「為什麼我們不去搭直升機？」

爸爸為難的說：「我查過價格只飛兩座冰川的行程每人就要美金兩百多元，如果加飛庫克山，要美金五百多元，太貴了。」

明安一聽價錢這麼高，不敢多說什麼，只能噘著嘴。

媽媽推了爸爸的手肘一下：「哎呀，難得出國一趟，別計較價錢，就算給孩子們一次難得的經驗吧！」

一旁的韓國女生在吱吱喳喳討論後，也表示要參加：「如果我們現在下山趕去搭直升機的話，來得及嗎？」

洪遲疑了一下：「有點晚了，不過我幫你們問看看，有沒有飛行員願意加班。」

洪用手機聯絡之後說：「可以，每架直升機至少要坐三人才飛，最多只能坐六人。所以你們八個人要搭兩架，剛好有兩名飛行員願意等你們。那麼，我們下山後，就請小型巴士立即載你們到停機坪去，其他人也可以在那裡解散。」

於是他們隨著洪的腳步，沿原來路線回到山腳下，已經是下午四點鐘了。小型巴士直接把他們載到離鎮上大街不遠的停機坪上。那是一塊水泥空地，上面停了三部直升機，機身的顏色為紅白相間，很漂亮。有一名穿藍色制服，戴白色頭盔的年輕飛行員正斜靠在一輛直升機旁抽菸。另一名飛行員年紀比較大，頭盔底下露出白色的頭髮，戴著時髦的太陽眼鏡，顯得老成而帥氣。

機會難得，明安趁著爸爸在買票時，就拿起手機一直對著三架直升機不停的拍照。

洪指著年輕飛行員說：「這位是傑森。」接著又介紹白髮的飛行員：「這位是厄爾。」

爸爸說：「我們搭厄爾的飛機。」便率先坐在駕駛座旁邊，全家人也跟著上機。

四名韓國女生則坐上傑森的直升機，這時傑森才把菸捻熄，坐上駕駛座。兩名飛行員先後啟動引擎，直升機立即拉高升空。

由高空看冰川，果然不同。可以看到冰川全貌，真是美不勝收，而且直升機還在冰川頂端降落，讓他們下去走走，剛才攀登時，他們只走到半山腰就回頭了。

重新起飛後，厄爾開始把直升機飛向遠方的福克斯冰川。明安趁這個空檔，好好的觀察機內的設備，發現並沒有氧氣罩，而且也沒有加壓設施，便問厄爾：「這樣不會氧氣不足嗎？」

厄爾說：「根據規定，如果飛行高度在三千八百公尺到四千三百公尺之間，有三十分鐘的限制。也就是說，在這個高度停留三十分鐘以內，不必補充氧氣；超過三十分鐘以上，就要補充氧氣。如果高度超過四千三百公尺，必須立即補充氧氣。你們購買的票只能飛越兩座冰川，飛行高度約在三千公尺左右，飛行時間約三十分鐘，完全不需要擔心。傑森載的那一批韓國遊客買的票，還包含庫克山，雖然全部飛行時間達四十分鐘，不過也只有飛往庫克山那十分鐘會拉高到四千公尺，所以本公司所有的直升機都不需要加壓或提供氧氣罩。」

繞過福克斯冰川後，他們的直升機就調頭返回法蘭士．約瑟夫，而傑森駕駛的那一架比他們晚才起飛，準備往庫克山的方向飛去。明安也趁著這個機會，拿出手機拼命為另一架直升機拍照。

傑森的直升機向上拉高一段距離後，突然筆直向下墜落，明雪一家人不禁因驚嚇而尖叫，連厄爾也大吃一驚：「怎麼回事？」

那架直升機在筆直墜落一段距離之後，又猛然拉高，但是已經來不及，又再度失速下墜，摔落在福克斯冰川上。

厄爾急忙以無線電代為呼救，並調轉飛行方向返回福克斯冰川，降落在墜落的直升機旁。厄爾急忙跑過去，把傑森拉出駕駛艙外，明雪一家人也七手八腳的把四名韓國女生救出來，讓她們躺在雪地上。幸好在墜地前，直升機已經往上拉，所以再次墜落時，離地面不遠，因此直升機雖然墜毀，但是裡面的人仍然都活著，只是因為巨大的撞擊，使他們暈了過去。經過討論的結果，為了搶救傷患，他們決定讓厄爾先把傷患載送去醫院。

「我已經通報警方，他們很快會有直升機來載你們返回鎮上。」厄爾在起飛前安慰明雪一家人。

爸爸揮揮手：「沒問題，你快送傷患去就醫吧！」

等直升機飛遠之後，爸爸嘆口氣說：「幸好我們選擇了厄爾的直升機，否則現在受傷的可能是我們。當初我看到傑森一直在抽菸，就決定不搭他的直升機。」

明雪問：「他是在機身外抽菸，停機坪這麼空曠的地方屬於室外，應該沒有違反規定吧？」

哇啊！墜機了！
怎麼回事？
隆隆

明安也不以為然：「爸爸，兩架直升機有一架出事，純粹是運氣，你事先應該不知道會有這種結果，現在說這些，簡直是馬後砲。」

爸爸急著辯解：「你們誤會我了，我是因為看過一篇研究顯示，菸草在燃燒時，會產生一些一氧化碳，這種有毒的氣體會與血紅素結合。因為一氧化碳與血紅素之間的結合力是氧氣的兩百倍，身體就會缺氧。實驗顯示，抽三根香菸的飛行員，飛行在兩千三百公尺的高度時，身體會和飛行在三千一百至三千四百公尺的高度時一樣缺氧。而人一旦缺氧，就會有各種奇怪的行為。在模擬高空飛行的低壓艙中，進行測試後發現，人們在缺氧的環境中會經歷『欣快症』——一種過度狂喜的感覺。這些人無法寫出正確的名字……而且，他們還自認為自己很好！」

這時候，警方的直升機降落在山頂了。有一部分鑑識人員忙著在現場採集證物，有一位警官則招呼他們上機：「由於你們是目擊證人，所以我們要請你們到警局製作筆錄後，才能送你們回旅舍。」

爸爸點點頭說：「當然，不但如此，我建議你們立刻為飛行員傑森抽血檢驗，他血中的一氧化碳濃度應該很高，而且這可能是失事的原因。」

明安晃了晃手機：「我還可以提供傑森在起飛前抽菸的照片，以及墜機前後的連續鏡頭喔！」

明雪加了一句：「只有一個要求，請你們在調查完畢後，把失事的真正原因用電子郵件告訴我們。」

十天後，他們回到臺灣，明雪打開電腦，發現那位紐西蘭的警官已經寄來了電子郵件，詳細說明調查的結果。果然不出爸爸所料，傑森血液中的一氧化碳濃度很高。而且在那些韓國女生清醒後，也指出傑森不只在起飛前抽菸，甚至他在最後一段飛行時，以提神為由，直接在駕駛艙中抽菸，結果這深深吸入的一口菸，使他腦部珍貴的氧氣，被換成一氧化碳……因而導致他昏了過去。幸好在墜地前，他又醒來，才能把飛機往上拉，減少最後落地的衝擊力。雖然法律沒有明文禁止飛行員在飛行時抽菸，但是各家航空公司幾乎都訂了禁止的規則，所以傑森養好傷勢之後，還要面臨失業及鉅額賠償。

明雪唸完電子郵件的內容後，明安不禁鼓掌叫好：「你們都稱姊姊和我是小偵探，可是這次是爸爸最早推斷出破案的關鍵，我們家以後又多一位偵探了。」

## 科學破案知識庫

人體血液中的氧氣要靠血紅素運送，氧氣與血紅素結合後，稱為氧血紅素。根據亨利定律，氣體在水中的溶解度與該氣體的分壓成正比，所以如果飛行到五千五百公尺的高度，空氣中的氣體就會少於一半，血液中的氧血紅素濃度會低於正常時的一半，所以在高空飛行會有缺氧現象。人一旦缺氧，會出現狂喜現象，甚至昏迷，因此高空航行的飛機都要加壓，緊急時還要提供氧氣罩。如果在飛行前或飛行時抽菸的話，菸草燃燒時會放出一氧化碳，一氧化碳與血紅素結合的能力是氧氣的兩百至三百倍，使得血紅素無法運送氧氣，對高空飛行的人而言，是致命危機。

案件7

# 「鉈」殺？

星期天早晨，媽媽想睡晚一點，沒有起床準備早餐，爸爸帶著明雪和明安到對街的「月禾早餐店」用餐。這是一家有書報可看，讓客人在等餐時不會無聊的早餐店。有時候還會看到年輕的老闆夫妻他們的小女兒怡婷出現在店內，小朋友近兩歲，正在學說話十分可愛。

等候早餐製作的空檔裡，爸爸拿起桌上的早報看新聞。兩個小孩則到書架上找書看。

明安拿起一本漫畫《金田一少年之事件簿》，回到座位上看了起來。明雪的眼光在書報架上瀏覽，最後看向書架上另一個角落堆放的幾本小說。突然，她看到有一本書的封面左上角出現推理女王阿嘉莎．克莉絲蒂的照片，她急忙拿起來瞧一瞧，書名叫《白馬酒館》。

明雪翻開內頁，看了一下簡介：「真的是克莉絲蒂寫的耶！想不到她寫的書，還有我沒看過的？」

這時候，早餐已經送上桌了。爸爸放下手中的報紙，招呼她回座位用餐。明雪把書拿回桌上，邊翻書邊吃蛋餅。過了很久，爸爸看完報紙，發現兩個小孩早就已經把蛋餅吃完，紅茶也喝光了，只是不肯放下手上的書。

爸爸發現他們兩人看的都是偵探故事，難怪這麼入迷，他笑著提醒他們：「兩位小偵探吃飽了嗎？該回家了吧！要看到破案才肯走的話，恐怕連午餐也要在這裡吃了。」

明安立刻放下他手中的漫畫，這一集他早就看過，溫習一下罷了，並不是非看完不可，但是明雪眼睛仍盯在書上，搖搖頭說：「不行，這本我沒有看過。」

爸爸瞄了一下作者姓名後，抬起頭來回了一句：「拜託，光是克莉絲蒂寫的偵探小說就有六十幾本，更別說還有其他短篇故事集了。怎麼可能把她寫的書全都看完？」

「我想看完再走。」

爸爸說：「你們下個星期不是要段考了嗎？還是回家溫習功課吧！這本書那麼厚，怎麼可能一次看完？」

這時老闆正好送餐到隔壁桌，也說：「對啦！書一直都放在架上，又不會跑掉，考完試再來這邊用早餐，繼續把書看完就好了。」

明雪瞄到店門口有客人等著要用餐，不好意思占用座位太久，只好把書放回書架，和爸爸一起走出店外，怡婷正坐在門口的矮凳上，揮著手對他們說：「姊姊再見，哥哥再見！」

段考終於在星期四和星期五兩天考完了。

星期五晚上，明雪特地跟媽媽講：「明天不用幫我準備早餐，我要到月禾阿姨那裡吃早餐，上次那本克莉絲蒂的推理小說還沒看完。」

媽媽噗哧一聲笑了出來：「別人是吃早餐，順便看書報，哪有人專門為了看書而去早餐店？」

明雪說：「看一半，不知道結局，就很難過啊！」

第二天一早，果然全家出動，到月禾吃早餐。大人一邊用餐，一邊看報，明安則挑了另一本金田一的漫畫，明雪當然是繼續閱讀《白馬酒館》。父母也不催她，吃完早餐後就帶著弟弟先回家，讓她一個人坐在那裡慢慢看。

大約八點鐘，明雪正要進入最後一章時，突然看見一隻大老鼠從冰箱底下跑出來，往店外跑去。明雪看店裡的其他顧客，沒有人發現，自己也無心逗留，便走向櫃臺，低聲向老闆娘說：「阿姨，你們店裡有老鼠喔！」

老闆娘紅著臉說：「我們知道，本來就計畫星期一起休息一週，進行滅鼠工作，沒想到先被你發現了，真不好意思。」

老闆嘆了口氣說：「唉！沒辦法，做餐飲業的，難免會有食物碎屑，我猜是外面水溝裡的老鼠跑進來。我們這次除了滅鼠，還打算重新裝潢，盡量減少老鼠可以躲藏的縫隙，希望可以澈底解決鼠患。」

明雪回到家，媽媽問她說：「小說看完啦？」

明雪搖搖頭：「沒有，我看到冰箱底下竄出一隻大老鼠，嚇得急忙跑出來。」接著又簡單說明了早餐店要重新裝潢的事情。

爸爸點點頭說：「既然店家有意改善，我們就等他們重新裝潢之後再看看，如果情況還是如此，就不要再去了。」

接下來一個星期，月禾早餐店果然大門深鎖，門上貼了一張告示，寫著「整修內部，將於本週六恢復營業」。

到了週六，明雪惦記著《白馬酒館》最後一章還沒看完，就又回到月禾早餐店用餐。怡婷正在門口，看到明雪，立即迎向她，嘴裡還喊著：「姊……姊……」明雪正覺得怡婷今天講話好像有點口齒不清，有些奇怪，就見小朋友走不了兩步跌倒在地上。

明雪急忙抱起她：「慢慢走，才不會跌倒。」

老闆娘看到這種情形，一邊煎著蛋，一邊說：「這個小孩最近幾天老是跌倒，真是不小心。」

明雪進到店內，發現內部煥然一新，牆壁重新粉刷過，櫃子也是新的，冰箱的玻璃門裡，食材也排列得很整齊。

她終於把《白馬酒館》看完，這次她沒有耽擱太久，就結帳離開。走到門口，卻看到怡婷突然倒在地上，不停抽搐，明雪趕快過去扶住她，發覺她全身僵直，臉色發白，但是嘴唇泛紫。她摸了摸怡婷的額頭，發現她還發燒，明雪急忙大喊：「阿姨，快來呀！」

正在送餐的老闆，放下盤子，一個箭步衝出來，慌得大叫：「怎麼會這樣？」

店裡的客人也跑過來圍觀，大家七嘴八舌，不知該怎麼辦？

明雪拿出手機問：「要不要我叫救護車？」

月禾阿姨說：「我看直接叫計程車送去醫院比較快！」

這時候用餐的客人之中有一位說：「我就是計程車司機，我的車就停在路邊，直接載你們過去吧！」

於是由老闆抱著怡婷上了計程車，直奔醫院而去。

第二天下午，明雪和同學有約，出門到月禾早餐店的門口等公車時，遇見了早餐店老闆，他看到明雪，立刻說：「昨天謝謝你的幫忙！」

明雪說：「應該的，只是不知道怡婷有沒有好一點？」

老闆搖搖頭說：「沒有，必須住院哪！我和我太太只好輪流到醫院照顧她，現在她媽媽還在醫院，我現在要去換班，讓她回家睡個午覺，早餐店也沒辦法營業了。」

明雪只好安慰他說：「把怡婷照顧好比較重要啦！過幾天早餐店恢復營業之後，我們這些老顧客還是會來光顧的，你別耽心！有空我再去看看怡婷。」

明雪還問了怡婷的病房號碼，老闆連聲道謝，這時候公車來了，兩人一起上了公車，到了醫院那一站老闆下了車，明雪則繼續前往和同學約好的 Outlet。

一夥人逛街逛到了要吃晚餐的時間，找好餐廳大家圍在同一桌，等待餐點時，話題從段考題聊到今天看到的最新款式服飾。

明雪坐在餐桌前望出去，正好看到親子互動遊樂園。透過玻璃，她看到裡面有許多小朋友在遊樂設施上攀爬，在球池裡翻滾，個個身手敏捷，行動自如，她不禁想到昨天早上看到怡婷那種頻頻跌倒的笨拙腳步，還有抽搐的身體，她有一種不安的感覺……

回程的公車上，明雪提早在醫院那一站下了車。她走進怡婷的病房時，怡婷正在睡覺。月禾阿姨在旁邊照顧她，看見明雪進來，便搖醒怡婷：「起來，姊姊來看你了。」怡婷睜開眼，看了明雪一下，又繼續昏睡。

明雪說：「讓她睡吧，生病的人需要多休息。」

「可是，她已經睡了一整天了。」

明雪問：「醫生有說是什麼病嗎？」

「醫生說，可能是腦炎，不過還不敢確定。」

明雪靠近怡婷，仔細觀察她的皮膚，發現有幾處腫起，也有色素沉積的現象。這時候住院醫師正好來巡房，明雪鼓起勇氣對他說：「對不起，醫生，你們有沒有考慮到這個病人有可能是鉈中毒？」

她本來以為醫生會斥責她亂說話，沒想到醫生一言不發的沉思了一陣子，才說：「鉈中毒？最近新店的慈濟醫院才剛發生過一件案例，被害者的確有運動失調的症狀。你稍等一下，我去向主治醫師報告一下。」

十分鐘後，主治醫師趕到了，他先輕輕拉了一下怡婷的頭髮，出乎大家意料之外，竟然扯下了一大把頭髮。住院醫師在一旁說道：「掉髮？這是鉈中毒的重要症狀。」

接著主治醫師拿起怡婷的手指仔細端詳：「還沒有出現米氏線，可能中毒時間不長。」

米氏線是指手指甲或腳趾甲上出現的橫紋白線。這種指甲條紋通常是砷、鉈或其他重金屬中毒造成。明雪的同學韻惠曾經因為砷中毒，在手指上出現這種線，所以她知道。

主治醫師回頭對明雪說：「因為怡婷掉髮的症狀和米氏線剛住院時都還沒有出現，所以我們一開始沒有往這方面聯想，幸好你提醒了我們，現在她的頭髮輕輕一扯，就會掉下來，可見若不採取正確的治療，過幾天就會自然掉髮。小姐，你怎麼會猜到她是鉈中毒呢？」

明雪說：「我是在《白馬酒館》這部小說裡看來的，裡面的謀殺集團用鉈作為毒藥，被害人的症狀和怡婷的症狀很像。而且這本書還是怡婷她們家的呢！你說巧不巧？」

主治醫師笑著說：「這已經不是第一次有人因為讀了克莉絲蒂的小說，而正確診斷出鉈中毒了。在上個世紀就有一位英國護士，因為在照顧病人時閱讀這本

對不起，醫生，
你們有沒有考慮到這個病人有可能是鉈中毒？
掉
掉髮？這是鉈中毒的重要症狀。

《白馬酒館》，而提醒醫生，病人可能是鉈中毒。」

月禾阿姨很緊張的問：「鉈是什麼？為什麼怡婷會鉈中毒呢？」

主治醫師先交代住院醫師說：「立即為病人驗尿，同時樣品一份送警方。如果真是鉈中毒，必須由警方調查毒物的來源。」

明雪說：「我認識警方的鑑識專家，我請她直接檢驗，可能會更快找出毒物的源頭。」

在主治醫師同意之後，明雪就聯絡張倩。張倩聽了之後，也認同是鉈中毒，同意為怡婷進行尿液檢驗，同時也到早餐店進行蒐證。

星期一，明雪放學後就直接到警局找張倩，想問問檢驗的結果。

張倩說：「經過檢驗，怡婷的尿液中鉈的含量高達三點七微克／升，那是最大容許量的十倍。我到早餐店蒐證的結果發現，他們用的老鼠藥裡含有醋酸鉈，小孩子不懂事，可能摸到沾有老鼠藥的用品，這些毒物可溶於水，會直接經由皮

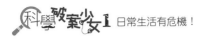

膚滲進體內，所以就中毒了。對我們警方來說，沒有惡意的加害者，這個案子就算結束了，治療是醫生的事了。」

明雪慶幸的說：「只要知道真正的原因，以現代的醫學技術，要治療好怡婷，應該不困難吧？」

張倩對明雪豎起大拇指：「這都要歸功於你的敏銳觀察，才能迅速找出真正的病因。」

明雪搔著頭說：「應該要歸功於推理女王克莉絲蒂把鉈中毒的症狀描述得這麼精確。」

張倩說：「我覺得你是新一代的推理女王呀！」

明雪開心的笑了，比段考得滿分還高興。

## 科學破案知識庫

鉈與含鉈的化合物通常都有劇毒，而且是致癌物，無論是接觸到皮膚，或經由呼吸道進入體內，都會對身體造成重大傷害。本文描述的醋酸鉈（I）可溶於水，很容易被皮膚吸收。

科學家認為，鉈（I）離子和鉀離子非常相似，所以才有毒性。二者的許多種鹽類都可溶水；鉈的離子半徑為 1.49 埃，而鉀的離子半徑為 1.33 埃，相差不多。換句話說，鉈（I）離子可以取代體內鉀離子的位置，因而擾亂了鉀離子原有的生理功能。

治療鉈中毒的方法很多，可以口服「可溶性」普魯士藍（化學式為 $Fe_4[Fe(CN)_6]_3$）和氯化鉀，這些藥劑中的鉀離子會取代體內的鉈離子，鉈離子進入普魯士藍後，形成沉澱，毒性就解除了。

案件 8

# 「溴」見保險詐領

今天爸爸要和久未聯絡的表姊見面，這位表姊——明雪和明安要稱她為姑姑——是一位退休的小學老師。不過，爸爸最後一次見到這位表姊時，他還在唸小學呢！

爸爸說：「我小時候對這位表姊佩服得五體投地呢！她又漂亮，又有氣質，又很會讀書，那個時代能考上師專的人真是不簡單。」

媽媽問：「那為什麼那麼多年都沒再聯絡呢？」

爸爸說：「因為她結婚了，而她爸媽又過世，兩家人就沒有什麼機會碰頭了。這次她由另一位親戚那兒問到我的電話，想要看看我，當然也想看看你們，所以

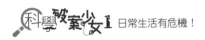

指明我們全家都要去。」

「要去哪一家餐廳呢？」媽媽問。

爸爸說：「表姊退休後住在八里的一家渡假村，她說裡面有附設餐廳，她已經訂好位子了。」

當天明雪一家先搭捷運到關渡站，然後換計程車到渡假村，下車時，明安見到渡假村雄偉的大門和寬闊的中庭，不禁發出「哇！」的讚歎聲。

姑姑已站在門口迎接他們。爸爸一一介紹全家人給姑姑認識之後，姑姑說：「現在離吃飯的時間還早，我先介紹你們認識這個渡假村的環境。因為這裡面有餐廳、游泳池、水療池、壁球室、羽球場和圖書室，所有生活機能都很健全，適合銀髮族居住。我退休之後，住到這裡，常常好幾個月足不出戶。」

姑姑先帶他們到游泳池參觀，這是標準比賽用的泳池，長五十公尺，寬二十一公尺，有人正在水道裡快速划水前進，水花四濺，顯得活力滿滿。

「哇！這麼棒的游泳池，門票要很貴吧？」明安問。

「只要你是渡假村的住戶，隨時都可以來游泳，不用錢。」姑姑說。

「大姊，那你一定常來游泳囉？」爸爸問。

「沒有，」姑姑搖搖頭：「不知道為什麼，我的體質似乎和這裡的水質不合，每次游泳後，皮膚都會很癢，只好放棄，我想，運動的方式有那麼多種，不一定要游泳，所以就改成散步，每天就在庭院裡散步。」

「喔？你是說你以前在別的地方游泳都沒事，搬來這裡以後，游泳就會皮膚癢？」爸爸好奇的問。

「是啊！我以前住在大同區時，有晨泳的習慣，天天游都沒事，搬到這裡才發生過敏的現象。」

「你或你的家人以前有得過異位性皮膚炎嗎？」

「沒有？我聽都沒聽過，那是什麼病？」

「那是一種遺傳性的過敏體質。你以前有過敏的病史嗎？」爸爸繼續追問。

姑姑想了一想：「我小時候只有一次對野葛過敏。」

「有意思！」爸爸自言自語道。

「什麼事情有意思？」姑姑摸不清爸爸的意思，有點困惑的問。

媽媽不耐煩的揮揮手，好像要趕走惱人的蚊子：「別理他，他一定在想這裡的水質裡有什麼成分會造成你皮膚癢。」

爸爸笑著說：「對，你真了解我。」

姑姑決定聽媽媽的話，不理會這個話題：「接下來，我帶你們去參觀水療池。」

「什麼叫水療啊？」明安悄悄的問明雪。

明雪搖搖頭：「我也不知道。」

水療池看起來就像兒童用的游泳池，池水較淺，大概只到成年人的腰部，池子面積小，呈花瓣形狀。明安發現自己來到水療池旁還是看不懂什麼叫水療，終於忍不住問了：「姑姑，什麼叫水療啊？我看這個水療只不過是比較小的游泳池罷了，沒什麼特別的啊！」

「這個問題還是問專業人員好了，」姑姑向水池中的一位教練揮手：「阿德，麻煩你過來一下，小朋友有問題要請教你。」

教練便爬出泳池，在池邊抓了一條毛巾，邊擦乾身上的水漬，邊走向他們。原本在池中上課的老人則紛紛散去。

姑姑介紹道：「這位蔡璽德教練有物理治療師執照喔！你們有關任何水療的問題都可以問他。」

蔡教練說：「水療是個很廣泛的概念，凡是利用水減輕病人的疼痛或進行治療，都算水療。剛才這堂課利用熱水浸泡這些學員的手腳，他們年紀都很大，這麼做可以促進他們的血液循環，同時，我帶著他們做一些簡單的運動，不但增加趣味性，也達到舒活筋骨的目的。」

教練一邊說話一邊抓著大腿，明安注意到他的兩腿及雙手皮膚都呈現紅色，手腕和膝蓋最嚴重，甚至有點脫皮。

因為教練的解說很清楚，明安便沒有進一步的問題，大家便向教練道謝後離開。

爸爸問姑姑：「我猜，你也沒參加這個水療班吧？」

「這種水療班要另外繳錢才能參加，每次上課三小時，每週上課三次。其實我上過一次，但是同樣發生過敏的現象，只好退出。」

接下來姑姑看了看手錶說：「可以進餐廳了。」

雖是內部附設的餐廳，但有包廂，餐點也很美味。姑姑的女兒、女婿和外孫女也趕來聚餐，大家雖然第一次見面，但畢竟是親戚，血濃於水，很快就談得非常投機。

要分手時，爸爸對姑姑說：「姊，你在別的游泳池游泳不會過敏，但是在這裡游泳和水療就會，我猜是因為這裡添加了特殊的生物滅除劑。」

「生物滅除劑？那是什麼？聽起來好可怕！」

「游泳池或水療池終年潮溼，容易長細菌，而且那麼多人泡在同一池水裡，萬一其中某些人有傳染病，豈不是害其他人遭到感染？因此，游泳池裡一定要添加一些藥劑殺死這些細菌和藻類，這些藥劑統稱為生物滅除劑。可以選用的藥劑很多，一般泳池可能是用漂白水……」

姑姑點點頭說：「難怪游泳池的水都有很濃的漂白水氣味。」

「你在其他泳池游泳都沒事，表示你的皮膚並不怕漂白水。雖然剛才我在游泳池和水療池都聞到漂白水的氣味，不過他們顯然不是單純只用漂白水作為生物滅除劑，否則你的皮膚不應該覺得癢。」

禮尚往來，既然接受姑姑如此豐盛的招待，爸爸也邀姑姑一家人半個月後到家裡吃飯，姑姑欣然同意。

接下來那個星期五，明安參加學校的戶外教學，地點是石門水庫，老師帶他們走到石門大橋上，欣賞水庫風光。

這時候陳政宜指著一個高高的觀景臺問老師：「我們可不可以爬到那上面去，那裡最高，應該可以看得更遠。」

明安看見那座觀景臺下有一顆大理石，上面刻著「嵩台」兩字，這或許就是這座觀景臺的名稱吧！

老師說：「可以，記得在集合時間回到遊覽車上。」

於是許多同學都跟著陳政宜爬上嵩台，那裡的階梯又窄又小，階梯數又多，要走上去真的滿辛苦的，但是在看到整個水庫的全景時，一切的辛苦都值得啦！

快到集合時間時，大家開始往回走，由於階梯陡峭，上來不易下去更難，結果一位同學林大顯不小心摔下階梯，翻滾了好幾圈，直到撞上轉彎處的牆壁才停下來。大家急忙查看他的傷勢，但是他已經昏迷，怎麼叫都叫不醒。

明安急忙用手機通知老師，老師上來把他背下去，並囑咐遊覽車司機立刻將他們送到附近的醫院。在老師抱著大顯衝進急診室後，司機則先把其他小朋友載回學校。

明安回到家時，私家偵探魏柏正坐在客廳和爸爸聊天。明安向爸爸說起大顯受傷的事，這時候老師利用LINE在班級群組上貼出「大顯已清醒，但仍需

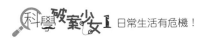

住院觀察」的消息，明安才略略放下心。

「我想明天去醫院看他。」明安對爸爸說。

爸爸皺著眉說：「龍潭區，太遠了啦！」

魏柏說：「我載明安去好了，我明天正好有事要到桃園一趟。」

爸爸說：「這樣會妨害你的工作，不太好吧！」

魏柏說：「不會，那只是例行的文書工作而已，花不了多少時間。」

第二天，魏柏依約前來載走明安。他先到中壢處理完事情，然後載著明安到位於龍潭的醫院。

他們依老師提供的病房號碼，很快找到大顯。大顯雖然臉色蒼白，但看起來精神還不錯。林媽媽轉述醫生的話說：「手腳有些挫傷，腦部應該沒有受傷，但擔心有腦震盪，所以要觀察幾天。」

正當明安要告辭時，醫護人員把隔壁床的病人推回來了，病人緊閉著雙眼，仍未清醒，明安覺得這個人好面熟，心想：「這不是水療池的蔡璽德教練嗎？」

病人身旁沒有家屬，只有一名胖胖的婦人，穿著看護的背心在照顧他。婦人正低頭忙著，明安看了牆壁上掛的病人名牌，沒錯，就是蔡璽德三個字。他到底哪裡受傷呢？怎麼也會被送來外科病房？明安看看病人的臉部、手腳，都完好光滑，沒有任何傷勢，倒是右肩膀包了一大坨紗布，還滲出點血漬。

牆上名牌還寫了病症的名稱，但因為是英文，明安看不懂，便拿起手機，把名牌拍下來。

離開病房，魏柏就開車載明安回家，但是一路上明安一言不發，只顧著滑手機，而且眉頭深鎖，不像早上來的時候那樣一路嘰哩呱啦說個不停。

最後，魏柏忍不住問了明安：「怎麼啦？我覺得你有點心神不寧，你同學沒事，不用擔心。」

明安放下手機，嘆了口氣：「我不是擔心林大顯，我是在思考隔壁病床的病人究竟是誰？」

魏柏問：「哦？你認識那位病人？我注意到你拿出手機拍他的資料。」

「我也不知道我認不認識這個人，或者說，他究竟是不是我認識的那個人。」

聽到這麼玄的話，身為一名偵探，魏柏的好奇心立刻被引發出來：「快點說給我聽。」

明安便把上週末全家人到渡假村吃飯的事說了一遍。

魏柏問：「所以剛才那個病人就是水療池的教練？」

「臉孔對，名字也對。」明安說：「可是……他絕不是我在水療池看到的那個人。」

「臉孔對，名字對，竟然還不是同一個人？」

明安在副駕駛的座椅上挺直腰桿，開始說起他的推理：「水療池的蔡教練，手及腿部都有紅腫的痕跡，手腕和膝蓋更嚴重，有脫皮的現象，而且說話時不停抓著腿部，但是他的臉部很光滑，沒有變紅。可見他和我姑姑一樣，浸泡到池水就會過敏，因為水療池的水淺，所以只有浸在池水中的部分受刺激，才會又紅又癢，臉部不會。我姑姑可以選擇不游泳、不水療，但是對蔡教練而言，那是他的職業，他無法逃避，只好忍受。」

魏柏好像懂了：「我猜，剛剛那個病人手腳皮膚沒有紅腫，也沒有脫皮現象。」

「沒錯，那些皮膚的症狀，怎麼可能在幾天之內全都好了，尤其是脫皮的部分也不見了，太不可思議。」明安停頓了一下，晃了晃他的手機：「不但如此，我剛剛把名牌上寫的病名，輸入搜尋引擎，查出原來是『肩關節旋轉肌破裂』，

臉孔對，
名字對，
竟然還不是同一個人？

有這種病的人，手會舉不起來，但是蔡教練在指導學員運動時，明明就靈活得很。」

魏柏笑著說：「我大概知道是怎麼回事了，你把拍到的病人名牌傳給我，我調查完再告訴你真相。」

到了姑姑來家裡作客的這天，大家依然一樣相談甚歡。

這時候，門鈴響了，原來是魏柏，他看到家裡有客人，不方便進來打擾，就把明安叫到外面，跟他說調查的結果。原來蔡璽德教練有位雙胞胎哥哥，叫蔡璽允，因為肩關節旋轉肌破裂，必須開刀，但是本身沒有投保醫療險，知道弟弟蔡璽德有保險，只要開刀或住院就可以請領一筆金錢，於是他起了貪念，就借用弟弟的身分看病。因為雙胞胎長得一模一樣，醫生由健保卡上的照片無法察覺並非本人來看診，所以照常為他看診，安排住院、開刀，並依病人要求開了診斷證明。

「蔡璽允就拿著醫師證明向保險公司請領保險費。」魏柏當初只是順路載明安一程，沒想到因此預防了一件詐領保險費的案子。

明安回到屋內時，姑姑正談到游泳的事：「我上次聽你說是生物滅除劑的問題，就跑去問總幹事，請他把游泳池所用的生物滅除劑名稱寫下來，就是這種藥劑。」

爸爸接過字條：「1-溴-3-氯-5，5-二甲基尿囊素，簡稱BCDMH。」

全部的人都皺著眉：「那是什麼呀？」

爸爸說：「這種藥劑加到水中，會產生次氯酸與次溴酸，次氯酸根就是漂白水的重要成分，難怪渡假村的游泳池仍然有漂白水的氣味。但是它產生的次溴酸，一般游泳池裡不會有，你可能就是受這種成分刺激，皮膚才會過敏。」

姑姑高興的說：「是啊，聽總幹事說，不只我一個人，連蔡教練也在泡水之後皮膚過敏，所以他決定改成用一般漂白水殺菌，現在我又恢復游泳習慣了。」

媽媽說：「那蔡教練一定比你還高興！」

姑姑說：「沒有，不知道什麼原因，蔡教練突然辭職，我們的水療池現在換另一名教練在上課。」

明安微笑著說：「我知道是什麼原因。」便把事情的來龍去脈向大家說明了一次。

## 科學破案知識庫

生物滅除劑有很多種，本文介紹的 1-溴-3-氯-5,5-二甲基尿囊素（簡稱 BCDMH）只是其中一種，分子式如圖。BCDMH 是白色固體，經常用於水質淨化。

BCDMH 能殺菌的原理是它在水中，會產生次氯酸（HOCl）與次溴酸（HOBr），兩者都是氧化劑，可以搶走病菌的電子，使病菌死亡，本身變成氯離子或溴離子。

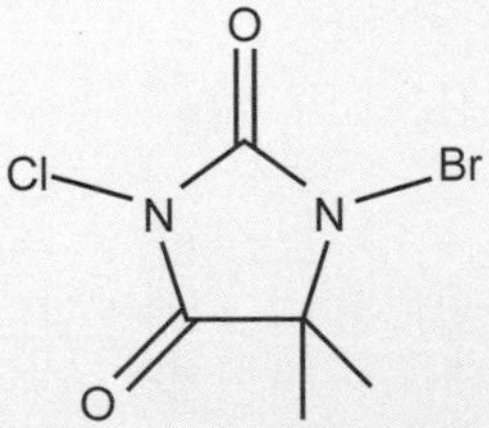

案件 9

# 漸漸滲漏的鈷毒

明雪的同學奇錚的生日快到了，他選在生日前的那個星期六下午，邀請同學到他家慶生。他家是位於大屯山上的一棟別墅，庭院很大，可以容納很多人。

這天同學們就三三兩兩散布在庭院中，手裡端著餐點，天南地北的聊著。

這時奇錚的爸爸由屋子裡走了出來。明雪來過奇錚家好幾次，但是今天才第一次見到賴爸爸。她聽奇錚說過，他爸爸是退役軍人，曾經官拜陸軍少將，當過駐外武官。六年前因故辦理退役，回到臺灣後，又投入商業界，賺了不少錢，所以他們家才住得起別墅，不過賴爸爸經常要出國談生意，很少在家，直到今天，明雪才終於見到他。

賴爸爸看起來已經接近六十歲，身材頗為高大，可能因長期的軍旅生涯訓練，加上個性嚴肅，不怒而威，他往門口一站，一言不發，只用眼睛環視全場，原本嬉笑的同學們就自動安靜了下來。

賴媽媽過來問他：「你出來做什麼？」

賴爸爸皺著眉，傾著頭問：「你說什麼？」

賴媽媽又問了一次。

賴爸爸調整了掛在耳朵上的助聽器，才終於聽懂：「我要到山上去散步！」

賴媽媽看了看牆上的鐘說：「又到了你散步的時間了？去吧！去吧！別在這裡嚇唬孩子們。我要招待客人，今天不陪你走了。」

賴爸爸手持柺杖，步履緩慢的穿過庭院，所有同學都屏息看著他，直到他走出去，把大門關上為止，同學們才又恢復聊天。

雅薇悄悄對奇錚說：「你爸好有威嚴，他一出現，同學們就不敢說話了。」

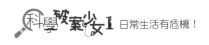

奇錚苦笑著說：「他連在家裡也要擺出將軍的架子，所以我從小就很怕他，我們父子根本不親。」

明雪問：「我覺得你爸爸走路很喘，是不是身體出了問題？」

奇錚說：「天知道，他有話也不會對我講。這幾年他一直忙著公司的事，很少回來。但是最近幾個月卻一直住在家裡，我也不知道為什麼。我的確發現他行動比以前遲緩，但是他不說，我也不敢問。他每天過著規律的生活，定時起床，定時用餐，定時睡覺，像個機器人。除非我們問話，否則他也不會多說一句，像現在四點整，就是他外出散步的時間了，他也不管家裡是不是有客人，媽媽是不是有空陪他，他就是要外出散步。」

明雪笑著說：「其實很多父母都會在子女的同學來時，藉故外出，免得同學拘束，說不定你爸爸也是這樣想的，你不要往負面的方向思考嘛！」

生日派對持續進行到下午五點多，有些同學已經先行告辭離開，明雪等兩三位和奇錚較熟的同學則留下來幫忙收拾和打掃。

這時明雪察覺到賴媽媽焦急不安的看著牆上的鐘，並在庭院中來回踱步，便關心的問她：「賴媽媽，你有什麼事需要我們幫忙的嗎？」

賴媽媽說：「唉，奇錚他爸爸出去散步，已經一個半小時了，還沒回家，他一向很準時，通常外出散步大概五點就回來了，今天走得有點久。」

「說不定，他認為我的同學還在家裡，怕同學們覺得拘束，所以故意走遠一點，晚點才會回來。」沒想到奇錚一下子就引用明雪剛才的說法。

「可能是這樣。」賴媽媽點點頭。

等會場收拾好時，已經是六點鐘，天色暗下來了，仍然不見賴爸爸回來。

「不行，一定出事了，我得去找他。」賴媽媽進屋子裡，找了一支手電筒就往外走。

奇錚急忙追上去：「媽，我陪你去。」走了幾步，才回頭對著留下的同學說：「不好意思，無法招呼你們了，請你們離開時，幫忙把門關上。」

一向熱心的惠寧說：「我們也去幫忙找，多一雙眼睛，就比較容易找到。」

於是她們三人拿起自己的手機，開啟手電筒模式，就跟在賴媽媽和奇錚的後面往山上走。

奇錚問：「媽，你知道爸爸的散步路線嗎？」

「知道。」賴媽媽說：「他最近一向都是沿復興三路走到清天宮就折回來。」

賴媽媽在前面帶領，幾個年輕人就用手機上的燈光往各個方向照，搜尋賴爸爸的身影。

走著走著，來到一處彎道，彎道下是懸崖。惠寧把手伸出，讓手機的燈光照向懸崖下，她發現崖下草叢中有一團白色的物體，她把頭探出去看仔細一點，果然是賴爸爸的白襯衫，她不禁興奮的大叫：「我找到了，在那裡！」

奇錚確認是爸爸後，就冒險要沿山壁下去救爸爸，賴媽媽嚇得阻止他。

奇錚說：「沒關係，這裡有幾棵小樹，我可以拉著樹幹往下走。」

奇錚費了很大的力氣才走到爸爸身邊，檢視他的情況之後，大聲的報平安：「爸爸還有呼吸，只是昏過去了。」

因為山壁陡峭，他們根本無法把人救上來，於是明雪用手機向一一九求救，並且說明情況。等到消防隊員上山，用繩索和擔架把人救上來。送進醫院時，已經很晚了，明雪便向奇錚告別，並答應第二天再來看賴爸爸。

！
我找到了，在那裡！

第二天，明雪依約到醫院來看賴爸爸，卻在門口遇見私家偵探魏柏。

明雪驚訝的問：「魏大哥，你怎麼會在這裡？」

魏柏說：「我來調查一件墜崖受傷的案例。雖然對方只是通知保險業務員出險的事，還沒正式提出理賠申請，但因為是三個月前才剛投保，而且投保金額很高，又這麼快就出事，因此公司派我來調查一番。」

明雪訝異的問：「莫非你是來調查賴爸爸的？」

「嗯！被保險人姓賴沒錯。怎麼啦？你認識他？」

「那是我同學的爸爸，出事的時候，我也在現場，沒有問題啦！」明雪把事發經過描述了一遍。

「在他墜崖之後，你才參與救援，但是墜崖時你並不在現場，怎麼排除他不是為了詐領保險金，而故意跳崖？」魏柏接著說：「這件事說來話長，我們找個地方坐，我慢慢說給你聽。」

於是他們走到醫院內附設的便利商店，各買了一瓶飲料，找個位置坐下，然後魏柏打開手提電腦：「我播一段影片給你看，這是我調閱到的路旁監視器畫面。」

畫面中顯示，賴爸爸步履緩慢的沿公路邊緣走，下一瞬間，突然整個人就掉下去了。

「你看，當時路上沒有車輛，沒有人撞到他，他就自己直直摔下懸崖，這不是很怪嗎？」

明雪很難接受同學的父親會是騙徒：「他們家很有錢，不但開公司，而且在北投有別墅，何必騙錢？」

魏柏說：「我初步調查的結果並不是這樣。事實上，魏將軍的公司在三個月前關閉了，恰好在同一天，他買了保險。我想這不是巧合。」

明雪從來沒聽奇錚說過他爸爸的公司已經關閉，所以她也不知道該怎麼解釋這件事。

魏柏繼續說：「我查了賴將軍的病歷，他一向很健康，從未生病。只有六年前在國外發生車禍，髖關節受傷，因而申請退役。」

明雪終於知道賴爸爸退役的原因了。

「不過，他在回國後，做了手術把有問題的關節替換成人工關節。恢復行動力後，他才創業開公司。」魏柏繼續看著他手上的資料說：「動過手術三年後，髖骨再度疼痛，他回醫院檢查，發現是陶瓷做的股骨頭變形，所以就更換成金屬股骨頭。他所有的病歷只有這些，除了髖骨動了兩次手術之外，他健康得很。」

魏柏又繼續說明：「昨晚送醫經過醫生救治後，他終於醒來。可是今早醫生問診時，他卻告訴醫生，他從一年前開始，就發現自己視力及聽力都衰退。」

明雪說：「沒錯，他是戴著助聽器。」

「他說，他現在看東西只能看到輪廓和顏色，看不清細節，連讀書報都有困難，腳也覺得痲痺。」

明雪問：「醫生怎麼說呢？」

「醫生檢查後，還發現他的頭部和頸部都有皮膚發炎的現象，在他的病歷裡，卻從來都沒有這些病症啊！為什麼一個健康的人，突然在幾個月之內，從頭到腳都出了問題？」

明雪沉思了一會兒，才開口說：「我想你倒因為果了。一定是幾個月前，賴爸爸身體突然變差，逼得他不得不關閉公司，回到家裡靜養。基於同一個理由，他有了危機意識，因而買了保險。也因為他的視力退化，看不清楚道路，才導致不慎墜崖。只是我目前還不知道是什麼原因，害他的身體在短期內出現那麼多毛病。」

魏柏點點頭：「你說的也有道理，但是究竟是哪裡出了差錯呢？你放心，我到目前為止，都只在收集資料和調閱病歷，還沒有驚動過當事人。我會繼續調查，希望能找出真相。」

與魏柏分開之後，明雪仍舊到病房探望賴爸爸。

賴爸爸看到她，就向她道謝：「小姑娘，謝謝你們幾位昨天救了我。」

明雪不著痕跡的和賴爸爸聊起他的傷勢和病況，趁機會問他：「伯父，您走路會喘，視力和聽力也變差，沒有去找醫生看嗎？」

賴爸爸嘆了口氣說：「我和同年紀的朋友談起，每個人都說他們的視力和聽力也都退化，他們還安慰我說，這是正常現象。至於腳麻，我想是坐辦公室坐太久了，缺乏運動所致，所以搬回家之後，就強迫自己每天要散步，希望能促進腳部血液循環，減輕麻痺，不過好像沒什麼用。」

奇錚紅著眼說：「爸，你怎麼都不講？要不然，我也不會讓您一個人出去啊！」

賴爸爸說：「我從小受的訓練就是要堅強、忍耐，不要軟弱。所以我希望能自己克服，不要麻煩你們。」

星期一，明雪發現奇錚沒有到校，想來賴爸爸的病情還沒有好轉。明雪上課時也無法專心，老是在思考著賴爸爸的問題。

下午第一節化學課，老師介紹到許多過渡金屬的性質，包括鈧、鈦、釩、鉻、錳、鐵、鈷、鎳、銅、鋅等。

談到鈷時，老師說：「鈷最大的用途就是製造含鈷的超合金……」

「老師！請問什麼叫超合金？」明雪的習慣是有問題一定要問。

「某些合金的性能非常優異，例如遇高溫不變形或耐腐蝕等，就被稱為超合金。而含鈷的合金則可以耐高溫，所以適合作為噴射機引擎的扇葉，這類合金也因耐腐蝕，所以在醫學上，鈷鉻鉬合金適合作為人工關節之用……」

明雪的頭腦裡突然靈光一閃，難道……？可是她記得老師在介紹氯化亞鈷時，曾經講過鈷雖然是重金屬，但是很少人會因鈷的化合物而中毒。一般而言，只有從事的職業與鈷有關的人才有可能鈷中毒。

明雪內心裡掙扎了很久，決定還是問老師：「老師，鈷中毒有什麼症狀？」

老師說：「醫學我也不太懂，但是一九六五年時發生在加拿大魁北克市的案例，可以供你參考。當地有一家陶氏釀酒廠為了讓啤酒的泡沫不容易破裂，而在酒裡加了硫酸鈷作為安定劑，結果當地有許多天天喝啤酒的人就有了心肌病的症狀，例如呼吸急促、感到疲累和腳部腫脹等。可見……」

「謝謝老師！」明雪不等老師說完，急著舉手說：「老師，我有急事必須立刻處理……」說完，不等老師同意，立刻抓起手機往教室外跑。

「她怎麼了？」老師感到錯愕不解。

「她發瘋了。」有些同學戲謔的說。

「老師，她一定有正當的理由，下課後我會請她向您說明。」班長惠寧知道明雪一定是發現某個案件的關鍵，並且情況緊急才會如此。

明雪跑到遠離教室的地方後，立刻撥手機給奇錚：「你現在人是不是在醫院裡？你拜託醫生檢驗賴爸爸血液中的鈷離子濃度，同時也請他們用X光為他的髖關節做檢查。你不要問為什麼，這兩樣檢查出來，就會真相大白。」

第二天，奇錚就來學校上課了。同學們都圍著他問賴爸爸的病情。

奇錚說：「醫生發現我爸血清中鈷的濃度達到三百九十八微克／升，正常值應該要小於零點四五。」

明雪咋舌道：「這麼高？那是鈷中毒沒錯了。」

奇錚繼續說：「髖關節的 X 光片顯示，三年前換的金屬製股骨頭因為和陶瓷製的臼杯長期磨損，已經變形，許多金屬粉末汙染了附近組織。醫生立即安排手術，把金屬製股骨頭換掉，關節黏液清洗乾淨。因為已經找出真正的病因，症狀將會逐漸減輕，所以我爸叫我今天一定要來上學，而且要好好謝謝明雪。」

明雪謙虛的說：「沒什麼啦！如果你們和我一樣聽過賴爸爸的病情，加上化學課注意聽，應該很快就會聯想起來。」

半年後的某一天，明雪在咖啡廳巧遇奇錚和賴爸爸。上前打個招呼，得知賴爸爸在動了第三次髖關節手術後，血清中的鈷離子濃度逐漸下降，現在已經接近正常值了。心臟的症狀也完全好了，視力也恢復一大半了，只是聽力已無法恢復正常。此外，當初保險的保險理賠金也有順利領到，並且自從那次墜崖事件之後，奇錚和賴爸爸的關係也有改善，真是可喜可賀！

## 科學破案知識庫

關於鈷中毒，有個刊登在醫學期刊《刺胳針》上的真實案例非常有趣。有一名病患心臟功能衰弱、發燒、淋巴結腫大，聽覺和視覺喪失，他看過許多醫生，但都找不出病因，最後這個麻煩的病例被送到薛佛（Jürgen Schäfer）醫師領導的醫療團隊，這個團隊專門處理疑難雜症。結果薛佛醫師只花五分鐘就診斷出病人是鈷中毒。因為薛佛醫師有觀賞電視影集「怪醫豪斯」的習慣，甚至在大學裡開設「重溫怪醫豪斯」的講座，他記得其中一集就是描述豪斯女友的媽媽，她的症狀與本案例十分相似，所以薛佛醫師立即請骨科醫生幫病人更換人工關節。可見，觀賞好的電視節目，對知識很有幫助。

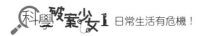

案件10

# 絕佳嗅覺狗鼻子

下課時，明安發現班上徐雅月同學偷偷躲在牆角掉眼淚，就走過去關心她：「雅月，為什麼難過？」

可是雅月迅速把眼淚擦乾，搖搖頭說：「沒事。」

雅月的媽媽由大陸嫁到臺灣，生下雅月後，沒幾年就和雅月的生父離婚，一個人在工廠裡工作，十分辛苦的把雅月養大。老師知道她們家的經濟情況後，就幫雅月辦理各種學雜費減免，但這種情況也造成雅月心理上的自卑、畏縮，幾乎都不和同學們交流，也常掉眼淚。明安雖常鼓勵她，但似乎都沒有效。

半年前，雅月的媽媽再婚，嫁給一名食品加工廠老闆，經濟情況似乎改善很多，因此雅月主動向老師表示，今後不用再接受減免了。從那個時候起，雅月也變得開朗許多，和同學們有較多互動。沒想到，今天又看到雅月偷偷掉眼淚。

放學回家後，明安看到刑警李雄正坐在家裡和爸媽聊天，明安很有禮貌的向前請安：「李叔叔好，今天怎麼有空？」

李雄苦笑道：「我是為了辦案而來找你打聽一些事情的。」

「喔？」明安不明白有什麼案子會找上他打聽案情。

「你們班上是不是有位女同學，名叫徐雅月？」

「是啊？她怎麼了？」

「她沒事，但是她的媽媽失蹤了。」

「啊！難怪她今天偷偷掉眼淚。」明安恍然大悟，就把雅月的身世向李雄說了一遍。

這時候，明雪也放學回家了。

媽媽由廚房走出來，邀請李雄留下來吃晚餐。於是大夥就坐在餐桌前，邊吃飯邊談。

李雄也把他的調查結果，做了簡單的說明：「雅月的母親名叫邱婷，因為和雅月的生父兩人個性不合，所以離婚。離婚後邱婷帶著雅月到北部來謀生，就在一間工廠裡當女工。工廠主人名叫陳建銘，半年前，邱婷和陳建銘結婚。陳建銘的經濟狀況不錯，工廠就由他們夫妻兩人和幾名員工共同經營。但是昨天陳建銘向警方報案，聲稱他的太太無故失蹤。我們的調查顯示，邱婷在臺灣沒有親友，她能跑到哪裡去？而且當初她離婚時，努力爭取女兒的撫養權，可見她非常疼愛這個女兒，現在怎麼可能把女兒留在工廠，一個人跑走？這不太合理。」

爸爸驚訝的問：「你擔心她……」

李雄說：「我們必須考慮各種可能的情況，包括最壞和最好的情況。」

媽媽問：「什麼是最壞的情況？什麼又是最好的情況？」

「最壞的情況就是被人謀殺了……」李雄嘆口氣，接著又說：「最好的情況，就是她過幾天自己跑回家，宣稱只是心情不好，獨自一人旅遊去了。在我承辦的失蹤案中，這兩種情況都發生過。」

明雪說：「這兩種情況有如天壤之別。叔叔，那麼你現在要從何查起？」

李雄放下湯匙，拿餐巾紙把嘴巴擦乾淨：「我查得到的線索都查過了，沒有頭緒啊！明天請張倩出馬，到工廠看看，有沒有什麼蛛絲馬跡。」

「我們也想去。」明雪和明安立刻接著說。

「我早就猜到你們會這麼說，來吧，說不定你們可以觀察到一些我們大人沒注意到的細節。」說完，李雄就匆匆告辭離開。

第二天，明雪和明安依李雄指定的時間趕到食品加工廠。這家工廠土地面積頗大，大門進來就是老闆住的主屋，那是一棟漂亮的兩層樓建築。主屋側面有一小間連窗戶都沒有的倉庫，後面則是一座現代化的工廠。一車一車屠宰好的豬隻被貨車載進來，然後在工廠裡製成火腿，再運出去販賣。工廠的工人都在廠房裡工作，並不會到主屋這邊來。

兩輛警車也剛到，李雄下車向陳建銘出示搜索票。陳建銘是個看起來身體硬朗六十出頭的壯漢，他看完搜索令後，同意讓警員進入屋內。此時李雄向後招手，另一輛警車的車門打開，下來的是張倩和另一名牽著黑色狼狗的警員。

明安大感訝異，上前問說：「張阿姨，怎麼今天帶狗來蒐證？牠是警犬嗎？」

牽著狗的警員回答道：「沒錯，牠在執行任務時，請不要逗弄牠。」

由於說話的警員口氣十分嚴肅，明安不禁退後好幾步。警員立刻牽著狗，隨李雄和其他警員進屋裡去了。

明雪問：「張阿姨，為什麼這次任務要派出警犬？」

張倩說：「我昨天想了想，李雄接受報案時，就來看過一遍了，人不可能藏在屋裡。而邱婷曾經住在這間屋裡，一定滿屋子都是她的指紋，這樣的蒐證有什麼意義？於是我就想到利用警犬特殊的嗅覺，或許能找出人類察覺不到的證物。」

「那等一下是不是拿一件雅月媽媽的物品讓狗聞，然後牠就會帶我們去找她。」明安想起電影都是這樣演的。

「如果確定人還活著，而且藏在附近，就可以這樣找。」張倩說。

明雪訝異的說：「你是說……她可能……？」

張倩點點頭：「嗯，永遠要做最壞的打算和最好的準備，不是嗎？其實警犬的分工很細，明安描述的是追蹤犬的功用。今天帶來的這隻警犬叫哈比，是瑪連萊犬，一種比利時短毛牧羊犬，這種狗的服從性高，嗅覺靈敏。牠被訓練成尋屍犬。剛才那位牽狗的黃警員，就是專門訓練哈比的人，每次哈比出任務，一定由他帶領，雙方有很好的默契，才能發揮最高的效率。」

「就這麼兩層樓，怎麼可能藏屍體？」明安認為這一回的搜索一定徒勞無功。

張倩說：「這種狗不只找屍體，有接觸到屍體的物品，因為會發出同樣的氣味，牠也可以找出來。」

明雪她知道，鼻子會聞到某項物品的氣味，是因為該物品產生揮發性的小分子，進入鼻腔，溶入黏膜，產生訊號，傳入大腦，我們才會感受到氣味。

「那人類的屍體會產生什麼揮發性的分子呢？」

「人體在死亡後，蛋白質、核酸、脂肪和碳水化合物都會分解而產生揮發性小分子。根據研究，人體在分解後共可產生四百多種特定的揮發性分子。」

明雪咋舌道：「四百多種？那要怎麼一一辨認？」

張倩苦笑著說：「所以到目前為止，還沒有辦法用儀器辨認。只好靠狗，狗的嗅覺能力比人類靈敏好幾百倍。受過訓練的狗就可以幫警察找出屍體、毒品和爆裂物。」

這時候，在屋裡傳出哈比的吠聲，張倩點點頭說：「找到了。」

明安嚇了一跳：「找到屍體的氣味了嗎？」

「不一定，尋屍犬可能因為找到腐敗的人體組織、血跡或屍體而發出訊號，我們進去看看再說。」張倩立刻帶著明雪和明安進入屋內，只見哈比立在主臥室地板上，一對前爪搭在床上的棉被上。

黃警員見張倩進來，就向她報告：「氣味來自這床棉被。」

張倩點點頭。黃警員立刻餵哈比吃餅乾，並把牠牽出屋外。明安對狗比較有興趣，也跟著走到屋外。

張倩戴上手套，掀開棉被，並沒有發現任何異狀，她抖一抖棉被，裡面掉出一顆牙齒，齒根處仍有乾涸的血跡。

明雪很緊張：「這代表什麼呢？」

張倩先拍照之後，用鑷子把那顆牙齒放入證物袋：「以這顆牙齒的大小來看，應是大人的牙齒。大人的牙齒除非遭到撞擊，否則並不容易脫落。我擔心可能有暴力事件，但也可能只是不小心撞斷牙，總之，我回去以後再化驗看看這是什麼人的血跡。」

她同時由邱婷的梳子上，取下數根頭髮作為DNA比對的根據。

陳建銘因為聽到狗的叫聲而走過來查看，被其他警員擋在臥室外，他從打開的房門看到張倩在採證，他緊張的說：「我太太是自己離家出走的，和我無關。我剛才聽到你們說什麼尋屍犬，太荒謬了。我這裡到處是豬肉，你們的笨狗大概是聞到豬肉味，誤以為聞到屍體，反正都是腐爛的肉。你們沒有任何證據，可別誣賴我。」

張倩笑著說：「陳先生，你別緊張。目前還在調查中，我們沒有任何結論。」說完，她領著明雪走出屋外，出了大門，張倩悄悄對明雪說：「狗的判斷只能提供警方參考，並不能當成法庭上的證據，所以在我們找到其他證據前，確實不能將他移送法辦。」

明雪說：「我覺得陳先生說得對，豬肉和人體一樣含有蛋白質、核酸、脂肪和碳水化合物，狗應該會誤判吧！」

張倩搖搖頭：「實驗證明狗可以由氣味區別人和豬的屍體，究竟狗是利用哪一種分子判斷的，目前的科學仍然無法得知。就像牛肉和豬肉都是由蛋白質和脂肪構成的，但是你一吃就知道兩者不相同。」

「哇，沒想到狗可以打敗現代儀器。」明雪不禁對哈比產生崇拜的心理。

這時候雅月從主屋側面走出來，同一時間，哈比突然向她衝過去，明安嚇了一跳，急忙跑向前想阻擋，幸好黃警員及時扯緊狗鏈，才讓哈比停下來。但是哈比仍然不停朝雅月吠叫，同時用爪子刨地。

明雪看到這種情形，靈機一動，仔細觀察雅月，並思索引起哈比反應的氣味從何而來。不久，她恍然大悟的對雅月說：「妹妹，媽媽受傷了嗎？」

雅月的身體明顯搖晃了一下，驚訝的看著明雪。

明雪繼續說：「快告訴我們，媽媽在哪裡，我們必須趕快送她到醫院。」

雅月恐懼的望向主屋。

明雪拍拍她的肩膀說：「別怕，這裡有很多警察會保護媽媽。」

雅月終於把手指向主屋側面那間不見天日的倉庫。

汪汪！
汪！汪！
妹妹，媽媽受傷了嗎？
你快告訴我們，媽媽在哪裡，我們必須趕快送媽媽到醫院。
別怕，這裡有很多警察會保護媽媽。

明雪立刻衝向倉庫，意外的，門並沒有鎖，她推門進去，在微弱的光線中，看見黑暗的牆角躺著一個人，她上前問：「您是雅月的媽媽嗎？」

對方虛弱的回答：「是。」

這時候，張倩也跟了進來，兩人攙扶著邱婷走出倉庫外。在戶外明亮陽光照耀下，她們看見她嘴角全是血，渾身傷痕累累，有幾處傷口甚至已經開始化膿，整個人正在發高燒，顯得十分虛弱。

張倩問：「是誰把你打成這樣？你先生嗎？」邱婷虛弱的點點頭。

黃警員已經打電話呼叫救護車，而李雄則進屋裡把陳建銘上銬，然後押進警車裡。

陳建銘在警車上承認前天晚上他和邱婷因為細故爭吵，他一時情緒失控，動手毆打邱婷，邱婷的牙齒就是在那個時候被打掉的。被打得混身是傷的邱婷只能逃出主屋，他找了一個上午沒有找到人，只好向警方報案。

逃出主屋的邱婷因為無處可去，只能躲入暗無天日的倉庫裡。

雅月這才說：「第二天早上我要上學時，經過倉庫，媽媽在裡面叫我，她要我拿食物給她吃，並且不可以說出她躲藏的位置，她要躲在裡面養傷。媽媽說，等她傷勢痊癒，就會帶我離開。所以我雖然照常上學，但是因為擔心媽媽才會哭。剛剛我就是偷偷的再去送吃的給媽媽……」

張倩對雅月說：「遇到家暴事件要趕快報警，不要隱忍。現在你放心，警方會保護你們母女的安全。」

明安轉頭問姊姊：「你為什麼會猜到雅月的媽媽還在廠區裡？」

明雪說：「哈比被訓練成尋屍犬，牠可能因為找到腐敗的人體組織、血跡或屍體而發出訊號，而且牠是根據氣味判斷是不是牠要找的目標。當哈比第一次發出訊號時，牠引導我們找到被打落的牙齒，我想是上面的血跡發出了吸引牠的氣味，當時張阿姨就猜雅月的媽媽可能受到暴力攻擊。第二次，牠對雅月發出了訊號，所以我想，如果哈比沒有誤判的話，應該是她身上沾染了她媽媽的血跡或膿汁，那麼她一定知道媽媽藏在哪裡，結果被我猜中了。」

明安高高興興的跑到哈比面前：「哈比，你真是厲害的偵探！」

## 科學破案知識庫

動物屍體在腐敗後會散發出揮發性小分子，目前儀器能測得到的已經有四百多種，而且不同成分的組織在不同分解階段，產生的氣味都不同，我們無法一一介紹。以下挑出其中最有特色的兩種臭味分子來介紹。

蛋白質持續的水解之後，會產生包括二胺在內的小分子。其中最具有代表性的兩種二胺為腐胺和屍胺。腐胺又稱丁二胺，化學式為 $H_2N\text{-}(CH_2)_4\text{-}NH_2$，屍胺又稱戊二胺，化學式為 $H_2N\text{-}(CH_2)_5\text{-}NH_2$。含有胺基（$-NH_2$）的小分子，都有臭味。這兩種分子都含有兩個胺基，所以稱為二胺。兩者的結構只相差了 $-(CH_2)-$，在有機化學上屬於同系物，兩者也幾乎同時出現，這兩種化合物在同一年由同一位德國醫生發現。魚腥味也是這兩種分子造成的，因為魚的屍體腐敗而發出腥味。但並不是只有屍體才會產生這兩種分子，口臭也是這兩種分子造成的，可見有口臭的人，可能口腔或體內有蛋白質正在腐敗。

案件11

# 3D影像的印證

二〇一八年十月，普悠瑪號列車出軌造成重大傷亡，一週之後，新聞報導花東的觀光業深受打擊，許多遊客怕危險而紛紛退房。於是明雪一家人，決定趁這個機會搭飛機去花東玩。

他們降落在臺東機場後，在櫃臺租了汽車，就沿海岸公路往北開，大約下午一點半時，他們進入長濱鄉。

爸爸說：「這次假期很短，我們不要貪多，今天就在長濱做深度旅遊，明天一早就回程往機場，沿路如果見到有喜歡的景點，隨時停下來休息。」

媽媽點點頭表示認同：「我看沿途海岸非常漂亮，隨處都是景點，光是坐著看看海就很享受。」

他們第一個停留的景點是烏石鼻，是個漁港，目前港內沒有任何停留的船隻，他們走向岬角最高點的涼亭去眺望太平洋。海風很大，吹得涼亭搖搖晃晃。離開烏石鼻後，下午兩點，他們抵達八仙洞，爸爸說這裡是長濱文化的遺址。

停車場的管理員對他們聲明：「有些洞不開放喔！」

他們笑了笑：「沒關係，不會有人計較的。」

明安問：「八仙洞是八個仙洞，還是八仙住的洞？」

爸爸對考古也不是很內行，一問三不知，所以明雪乾脆自己看解說牌。原來八仙洞共有十幾個洞，本來是海蝕洞，現在卻散布在山壁上。明雪心想：「這證明陸地上升。」

最大的洞叫靈岩洞，很多人在那裡拍照，因為這裡發現舊石器時代的遺址，現場也展示了各式挖掘出來的石器。有些很粗糙，只是把石頭敲碎了當工具用；

有些則經過琢磨，已有現代工具的雛形。可見這裡出土的石器橫跨了很長久的年代。解說牌上說這裡的石器是民國五十七年由臺大考古隊發現的，因位於長濱鄉，所以取名為長濱文化。

其他各洞分散在山壁上，必須沿登山步道走上去，媽媽已經累了，不想再走，就說要到公路邊涼亭坐著看海，爸爸決定陪媽媽。姊弟倆則沿登山步道繼續往上走，果然還有許多海蝕洞。令他們最感興趣的是在一個無名的小山洞裡，正有一群人在挖掘，他們用黃色塑膠帶圍住洞口，不讓閒雜人等進入。

明雪小時候看兒童刊物時，就對於考古工作很感興趣，因此她站在封鎖線外，目不轉睛的看著考古人員怎麼工作，明安也站在旁邊看得津津有味。他們發現這次挖出來的不只是石器，還有陶器，不過大多已經破碎。研究人員把這些碎片上的土刷掉後，就用相機拍照。

其中有一位大叔留著龐克頭，打扮非常新潮，手上握著一部奇怪的機器，共有三個閃爍不停的燈，中間夾著一個鏡頭，正對每一片出土的石器和陶器掃描。

明雪忍不住問：「請問這部機器有什麼功用？」

龐克大叔停下手中的工作，打量著明雪姊弟倆，確定他們不會妨礙工作之後，答道：「這是可攜式3D掃描器，我們以往只能用照相機記錄出土文物的形狀，但是照片畢竟只有2D，也就是平面，現在有了3D掃描器，我們可以記錄它的立體形狀。」

「哇！」明安驚嘆一聲。

「對我們人類學家來說，出土的文物通常都是碎片，到底完整的器具應該是什麼形狀，必須慢慢拼湊才知道。」大叔一邊說，一邊從背包裡拿出幾個碎片，交給明雪：「你拼湊看看，看這些碎片可以湊成什麼器具。」

明雪連忙揮手拒絕：「喔！不，這麼珍貴的古物要是被我打破，就罪過了！」

大叔哈哈大笑：「你看仔細點，這不是出土的陶片啦，而是我們把3D掃描的結果輸入到3D列表機，印出來的複製品。和原物有完全相同的形狀，你們拼拼看，不用擔心損壞的問題。」

明安興致勃勃的接過去，蹲在地上拼湊了起來。

明雪沉思之後說：「有了這項技術，今後到博物館不只能隔著玻璃看真蹟，也能親手把玩和真品一模一樣的複製品了。」

大叔點點頭說：「沒錯！」

這時，明安已把碎片拼好，雖不完整，但大致看得出形狀：「是陶罐！」

當天晚上他們就投宿在當地旅店，因為從旅店房間窗外看出去就是海，本來他們還期待明天早上可以坐在床上看日出，沒想到第二天天氣不好，天空烏濛漾，看不到太陽。吃完早餐，他們就早早出發，計畫沿途欣賞海景。

當車子駛進三仙台的停車場時，明安的手機突然傳來一連串叮叮噹噹的聲響：「我們班的群組上，有人發布了訊息。我看看……啊！是林大顯，大顯受了重傷，目前人在醫院，我要趕快回去看他……」

此時明安已無心情旅遊，一直吵著要趕回去，雖然離登機還有段時間，爸爸也只好把車開出停車場。他們到機場，還了車。離飛機起飛還有一個多小時，這期間進來的訊息愈來愈多，大顯受傷的事也就清楚了。

原來昨天下午大顯和一群同學到公園打棒球，因為和另一隊爭場地，雙方發生爭吵。對方的隊員之中有兩名國中生，態度蠻橫硬要占用場地。大顯他們只是小學生，爭不過對方，只能在咒罵幾句後，便解散各自回家。沒想到傍晚時，大顯在離他家不遠的巷子裡被人發現倒在地上，不省人事。送到醫院後發現顱內出血，醫院就趕緊為他動手術，目前仍未清醒。

明安淚汪汪的說：「一定是對方那一群人打的啦！要不是我這次到臺東來玩，一定也會和他們去打球，說不定被攻擊的人就是我。」

媽媽擔心的問：「你們平常去公園打球就常常會和人吵架嗎？」

「公園是大家的，誰都可以去那裡玩，遇到假日人多，搶場地是難免的，但是通常大家都有默契，如果有別隊在等，就約定好再打幾局換人。不知道這次為什麼會吵架？」

飛機降落松山機場後，明安急著搭捷運趕往醫院。

媽媽說：「托運的行李還沒出來，你這孩子怎麼這麼急性子？」

爸爸吩咐明雪說：「你跟他去，別讓他去給林爸爸和林媽媽添麻煩。」

明雪急忙追上去，跟著弟弟到醫院。林爸爸和林媽媽在病房外焦急的坐著，根據他們的說明，醫生為大顯做了斷層掃描，發現嚴重的顱內出血，於是把他右側的幾片頭骨取出，進行神經外科手術後，醫生也把頭骨有裂痕的地方磨平，然後又放回去，手術很成功，但是大顯還沒有脫離危險，必須留在加護病房觀察。

明安聽得瞠目結舌：「這麼嚴重？」

林爸爸說：「加護病房一天只有兩個探視時段，每次只能有兩個人進去，所以我們正在這裡等待晚上的探視時間。」

顯然現在明安無法進病房探望大顯，明雪乘機說：「我們在這裡也幫不上忙，不如去警察局找李雄叔叔問問辦案進度，看看我們能不能幫得上忙。」

這句話說進明安的心坎裡，他立刻就向林爸爸林媽媽告辭。

李雄正在警局裡發愁：「因為林大顯是在與人衝突之後受傷，我們就從搶奪場地的那群小朋友查起，發現那兩名仗勢欺人的國中生是一對兄弟，他們在林大顯離開之後，並沒有打球，隨即離開公園。我調查了他們的行蹤，確認他們回家拿了武器，因為有目擊證人看見他們兄弟兩個，一個拿棒球棍，一個拿鐵門鈎在林大顯家附近徘徊……」

「凶手就是他們！」明安氣憤的大吼。

「他們只承認找林大顯臭罵了他一頓，不肯承認有暴力攻擊的行為。因為案發地點在巷子裡，沒有目擊者，也沒有監視畫面，沒有證據可以證明他們有攻擊行為，所以檢察官不肯簽發逮捕令。若林大顯能醒過來指認他們就好了。」

「叔叔，你有找到那兩件武器嗎？」明雪冷靜的問。

李雄嘆了口氣：「嗯，我到他們家裡確實搜出一枝棒球棍和一枝鐵門鈎。已經取回來，交給張倩化驗，但是林大顯是顱內出血，根本沒有血跡，而張倩說兩件物品都剛清洗過，找不到林大顯的DNA。」

「剛清洗過？這不是顯示他們做賊心虛，刻意破壞證據嗎？」明安說。

明雪拉著弟弟的手：「說這些沒用，我們去找張倩阿姨。」

張倩由實驗室裡拿出棒球棍和鐵門鉤向他們解釋：「沒有林大顯的DNA，只有他們兄弟的指紋，不過，這是他們家的用品，有他們的指紋是很正常的。」

明雪仔細觀察那枝棒球棍，木製的，上面有木頭紋路，上過亮光漆，很光滑。那枝鐵門鉤就是一般店家用來拉鐵捲門用的鉤子，塑膠製把手是粉紅色的，鉤子本身鋁製，末端呈彎曲狀，用來鉤住鐵門上的孔。

明安問：「阿姨！如果我們能把這兩件可疑的凶器和大顯頭上的傷痕比對，不就可以知道這是不是凶器了嗎？」

「可是大顯沒有外傷，傷勢在顱內，而且已經動過手術，頭骨也修補過，不能當成證據了。」

「醫生在手術前為大顯做了電腦斷層掃描，能不能當證據呢？」明雪靈機一動，聯想起昨天下午考古隊所做的工作：「如果能做出3D列印，就可以拿這兩件可疑凶器和模型做比對。」

「嗯！似乎可行，我請他們把檔案傳過來。」張倩轉身回到實驗室。

明安問姊姊：「什麼叫電腦斷層掃描？」

明雪說：「那是用X射線對身體局部做各種不同角度的測量，然後電腦利用這些數據就可以產生3D的截面影像。以大顯的情況來說，醫生根據3D影像就知道他顱內出血的部位，也可以看到頭骨的裂痕。」

明安聽懂了：「有了這些數據，3D列表機也可以複製大顯的頭殼模型，連裂痕的位置和大小也和手術前一模一樣。」

「沒錯。」

3D列印當證據，這個點子是明雪想出來的，
你們姊弟倆就幫我完成這項工作吧！
明雪，你幫我捧著模型，明安戴上手套，舉起那根鐵門鉤，我們來進行比對。
吻合！

姊弟倆急著知道結果，就守在鑑識實驗室門外。終於，張倩手裡捧著一顆塑膠人頭模型出來。姊弟倆仔細觀察模型，發現右側頭骨有一條ㄇ字形的裂痕。

張倩明雪說：「用3D列印當證據，這個點子是你想出來的，你們姊弟倆就幫我完成這項工作吧！明雪，你幫我捧著模型，明安戴上手套，舉起那根鐵門鉤，我們來進行比對。」

姊弟倆依吩咐把鐵門鉤的末端放在人頭模型上，果然鉤子末端彎曲處的長度，正好和ㄇ字形裂痕的寬度吻合。

張倩急忙用數位手機拍下鐵門鉤與裂痕比對的照片，信心滿滿的說：「有了這項證據，就可以向檢察官申請逮捕令了。」

這時候明安的手機也傳來好消息：「林爸爸說，大顯醒了。」

## 科學破案知識庫

3D 列印是在電腦操控之下，把材料（可能是熔化的塑膠或粉末）一層一層疊在一起，創造出三維的模型。首先要掃描想列印的物體，取得數據後，交由電腦處理。列印時由一個高溫可移動的印表頭將熔化的材料注入於平臺上。隨著列印進行，平臺逐步下降，材料一層一層堆疊上去，形成立體的模型。這一切過程類似噴墨列表機，只是將 2D 改為 3D，墨水改為熔化的塑膠，紙張改為平臺。這種技術運用極廣，無論製造業、醫藥界或文藝界都能找到新的用途。不過這項新技術也引發很多法律問題，例如複製商品是否侵害智慧財產權（就像影印雜誌書籍可能侵權一樣）？如果利用這種技術列印槍枝或其他非法物品，是否將使社會陷入不安？這些都值得再深入探討！

案件12

# 「疽」擊，險惡的報復

表姊搬新家，媽媽打算要送她家電產品作為賀禮，於是決定到巷子口那間他們比較熟悉的電器行購買。

「我陪你們去。」明雪剛好也想陪爸媽出去走走，沒想到他們走到巷口時，發現電器行鐵門是拉下的。

「奇怪！在我的印象中，他們除了農曆新年那幾天之外，天天都營業啊！」爸爸驚訝的說。

無奈之餘，爸媽和明雪只好邊走邊討論著要改到哪一家大賣場選購家電。沒想到，電器行的老闆夫婦迎面緩緩走來。明雪注意到老闆表情疲憊，老闆娘扶著他走。

爸爸開心的對他們說：「太好了，我們正要買家電送人，沒想到你們今天沒營業。」

老闆娘帶著歉意說：「不好意思，因為我先生不舒服，所以今天陪他去看醫生。」

「抱歉，我們不知道蘇先生生病，要不要緊呢？」媽媽關心的問。

「我也不知道要不要緊，醫生說還要做血液培養，過幾天才會知道病因。」蘇太太憂心忡忡的說。

「這樣啊？那今天就不打擾了。」爸爸說。

蘇太太急忙說：「沒事，醫生開了藥，照著吃就是了。我們原本就預定看完醫生回到家繼續開門營業的。你們就跟著我們一起回到店裡選購吧！」

這時明雪注意到蘇先生左臂上，有一個直徑大約兩公分的圓形黑色焦痂，痂的外面一圈褐色很像是塗碘酒留下的痕跡，不過也可能是傷口流出來的液體。明雪心裡想著，蘇先生到醫院去，就為了看這個焦痂嗎？這麼小的焦痂也要看醫生嗎？這種焦痂代表什麼病呢？她似乎有點印象，但又想不起來。

蘇太太用遙控器打開鐵門，開了燈，扶蘇先生進去屋裡躺著，然後出來招呼媽媽選購家電。

媽媽很快選中了一部液晶電視機，付了錢，並把表姊新家的住址給了她：「直接送貨到這個住址，還要安裝好，測試沒問題才可以喔！」媽媽不忘叮嚀著。

「當然，當然。我們的服務態度您是知道的，否則也不會一直照顧我們的生意，您說是不是？」老闆娘嘆了口氣：「尤其是上個月發生那件事後，我們安裝電視機一定會加倍謹慎。」

「上個月那件事？你說的是什麼事啊？」爸爸像丈二金剛摸不著頭緒。

「唉！」蘇太太嘆了口氣：「兩個月前有位顧客向我們買了一部電視機，和你今天挑的剛好是同一個款式。當時我們也依約定送貨安裝，一切很順利。沒想到上個月，警察突然通知我先生到分局接受調查，懷疑安裝的過程有問題……」

原來，那位買主要求把電視機放在木櫃上，蘇先生便依客人要求安裝好電視機，買主也很滿意的簽收並付了尾款，蘇先生就離開了。

蘇先生不知道那戶人家有個三歲的女兒，而且擺放電視的那個木櫃共有五個抽屜，其中最上面一格抽屜放著小女孩的玩具。出事那一天晚上，大人在廚房裡準備晚餐，留小女孩在客廳獨自玩耍。突然聽到一聲巨響，父親急忙跑進客廳查看，發現木櫃傾倒，電視機翻覆在地，壓在小女孩身上。父親急忙把小女孩送到醫院，可是不幸在二十四時之後死亡。

為此警方展開調查，除了考慮父母在照顧時是不是有疏失之外，也要調查當初安裝電視機之人員是否有施工不當之處，因此蘇先生才會遭到警方約談。

這時候，蘇先生步履蹣跚的由屋內走出來，蘇太太急忙上前扶住他，牽著他走到椅子前坐下：「你不舒服就在裡面躺著，幹嘛要出來？」

「還好，只是有點流感症狀，不嚴重。我要跟陳太太說明一下，她訂的這部電視機，可能要過幾天，等我體力好一點才能送貨。」

媽媽說：「不急，我外甥女要兩個星期後才會搬進新家，您一定會很快康復的。真的不行，我們會找貨運公司送貨。」

「不！」蘇先生說：「除非不得已，今後這種大型家電，我一定自己送，自己安裝。我們是老實人，一生從來沒有被警察當成犯人看待，這次被警察約談的經驗，真是嚇死我了。除了在警局接受問話，還被帶到出事現場，模擬當初安裝電視的過程。警方追究的重點包括擺放的位置有沒有穩固，電源線和天線的接法對不對，想查明是不是因為電視機擺放不穩，或電線纏繞到小女童才發生意外。你知道，屋主剛失去女兒，心情非常低落，一見到警察帶我進他家，立刻把責任都推到我身上，說我安裝的方式不穩固，害死了他女兒。幸好我每一次安裝完大型電器都會照相存檔，警方查看我提供的照片，確認我沒有疏失，才放我回來。」

「你沒有責任，那責任在誰身上呢？」爸爸懷疑的問。

「警方最後判斷是小女孩為了拿木櫃最上層抽屜裡的玩具，而將全身重量攀附在抽屜上，導致木櫃傾倒而發生意外，最後那個案子以意外簽結。」

現場陷入一片沉默，大家都為了這個不幸事件感到難過。

為了改變現場氣氛，明雪問蘇先生：「您剛才說有一點流感的症狀，經過醫生診斷之後，證實您真的感染了流感嗎？」

「唉！不是，」蘇先生嘆了口氣：「我發現自己生病時，以為是普通感冒就自行到藥房買藥吃，結果都沒效。我太太說，感冒不會那麼多天治不好，硬是帶我到醫院看診。」

「你這樣不對，感冒和流感差很多。感冒通常不吃藥也會自行痊癒，流感可不同，會出人命的！」媽媽對蘇先生自行買成藥的舉動不以為然：「還是到醫院，讓醫生判斷比較好，反正現在可以快篩，很快就可以判斷出是不是流感了。」

「結果醫生連流感的快篩也沒做，他一看到我手臂上這個焦痂，就認定不是流感。醫生說看到這種焦痂，他第一個想到的是恙蟲病。」

爸爸看明雪有疑問便解釋道：「恙蟲通常生長在土壤或草尖，被恙蟲咬到，會出現類似感冒的症狀，因而容易貽誤病情。醫生通常是找到病人身上的焦痂，才能判斷出是不是恙蟲病。」

蘇太太問：「你怎麼那麼熟？」

爸爸說：「我有一名學生熱愛山林活動，經常從事登山或單車越野等活動，有一次她發高燒數日不退，醫生檢查不出病因，因而送入加護病房，她本人也以為自己快死了。」

明雪心想原來恙蟲病這麼可怕，難怪古人問候人時會說「別來無恙」。

「沒想到在加護病房中，醫護人員為她更衣時，發現在隱密的鼠蹊部有小小的焦痂，急忙通知醫生。醫生因為這個焦痂而判斷可能是恙蟲病，改用治療恙蟲病的方式施藥，當天立刻退燒，幾天後就出院了。只要對症下藥就不用太擔心！」

「可是醫生問我最近有沒有到野外遊玩或登山？我說我做生意忙得要命，哪有閒功夫去野外或山上？醫生搖搖頭說，那可能不是恙蟲病。」

「他說有這種焦痂的，除了恙蟲病，也可能是兔熱病、炭疽病、斑點熱立克次體病、鼠咬熱或壞疽性膿瘡，也可能是被蜘蛛咬傷和血管炎。」蘇太太拿出一張紙，上面寫著醫生懷疑的病名，苦笑著說：「醫生說了一長串病名，我哪記得住，就請他寫下來給我。」

明雪也不認識上面的許多病症名稱，但是她注意到其中包括炭疽病。美國在二〇〇一年發生九一一事件之後一個星期起，連續數週有許多人收到含有炭疽桿菌的信件，收信人包括新聞媒體和參議員，結果造成五人死亡，另外十七人感染。當時人心惶惶，調查單位束手無策。生物老師曾在上課時講述這一段歷史，說明生化武器的可怕。

蘇太太繼續說明：「所以現在只能靜靜等候血液培養，才知道真正的病因了。」

醫生明明不知道病因，要怎麼開藥呢？明雪很感興趣：「藥袋可以借我看一下嗎？」

「嗯，在這裡。」蘇太太從皮包裡拿出藥袋，遞給明雪。

明雪看藥名那一欄寫著她看不懂的英文字，不過英文字後面有「抗生素」三個中文字。她想起老師好像說過，無論是恙蟲病或炭疽病都應該用抗生素治療，而且醫師只要有懷疑就要趕快投藥，不必等到血液培養的結果出來。

她拿起醫生寫的字條仔細研究起來，恙蟲病、兔熱病、鼠咬熱、蜘蛛咬傷這些傷病都和動物有關，蘇先生既然說沒到野外去，要得到這些病的機會應該不大，那麼是炭疽病嗎？那會不會是有人採用二〇〇一年時的方式，把炭疽桿菌放在信封裡，作為攻擊的手段？但這家平凡的電器行，會被人使用生化武器攻擊嗎？她如果說出這一層疑慮，會不會被人嘲笑想太多？

明雪內心交戰了好幾分鐘，終於忍不住問：「你們在一、兩個星期前有沒有接過什麼奇怪的信？」因為生物老師說，炭疽病的潛伏期為一到十天，平均為五天，所以接到信到出現症狀，需要一些時間，所以她這樣問。

「有啊！你怎麼知道？」蘇先生訝異的問：「大約十天前，我收到一封奇怪的信，裡面只有一張紙條，用英文字母寫的，但是我看不懂英文，不知道為什麼寄給我。」

沒想到真的有可疑的信件：「那封信還在嗎？」

「在啊！因為它很怪。我看不懂，所以一直放在這裡。唉，你們如果懂英文的話，幫我看一下好了。」蘇先生打開抽屜，伸手翻找那封奇怪的信。

「不！」明雪急得大喊：「你先別把信抽出來。」

她轉頭對爸爸說：「爸，麻煩去附近西藥房買一盒口罩和橡皮手套。」

爸爸一臉困惑，不過他看明雪表情嚴肅，便依言出去購買明雪要的東西。

明雪又對媽媽說：「媽，您和蘇阿姨先退出店外，除了爸爸外，別讓其他人進來。」

「為什麼？」

明雪說：「我懷疑那一封信有問題，害得蘇老闆生病。」

蘇太太說：「那麼可怕？」

明雪說：「我只是懷疑而已，要看看那一封信到底寫了什麼才能確定，為了避免其他人也受到感染，所以請你們退出店外，也別讓其他人進來。」

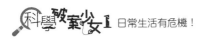

待兩人走出店外後，蘇太太乾脆用遙控器把鐵門降下一半，免得有不知情的顧客闖進來。

爸爸很快就買到口罩和橡皮手套回到店內，明雪請爸爸也退出店外。

爸爸說：「我留在這裡幫忙看看那封信寫什麼好了。」

明雪點點頭，她心想，也許爸爸可以看懂那封奇怪的信。

等三人都戴好口罩和橡皮手套後，明雪才示意蘇先生把那封信取出來。她用戴著橡皮手套的手接過來，先看信封。那是普通的標準信封，不過封口處以膠帶貼得很嚴密，現在已被蘇先生用剪刀剪開。信封上面沒有寄件人的地址，只有收件人的地址，收件人是電器行的店名，並且是電腦列印的字體。信封左上角蓋著郵戳，是南投縣魚池鄉寄出來的。

明雪小心翼翼的抽出裡面的信紙，也是電腦列印的字，上面寫著：

AAA ATT TTA TTG GAA CGT！

明雪確定這不是英文，那會是什麼文字呢？她把信拿給爸爸看：「這是哪一國的語文呢？」

爸爸看完之後搖搖頭：「不知道，而且我覺得不像正常的語文。字母的種類太少，只有A、T、G和C四種字母！」

講完這句話，父女兩人同時領悟了：「這是DNA的鹼基。」

細胞會把編寫在遺傳物質（DNA或傳訊RNA）中的訊息轉譯成蛋白質。無論是DNA或RNA都是由核苷酸聚合而成，每個核苷酸中有一個鹼基。DNA中總共有四種鹼基：腺嘌呤簡寫為A，胸腺嘧啶簡寫為T，鳥嘌呤簡寫為G，胞嘧啶簡寫為C。

這是哪一國的語文呢？
不知道，而且我覺得不像正常的語文。字母的種類太少，只有A、T、G和C四種字母！
AAA ATT TTA TTG GAA CGT！
這是DNA的鹼基！

爸爸又說：「另一個疑點是每三個字母構成一個字，世界上沒有哪一國的語文是這樣的。」

「三個鹼基一組，這是什麼意思呢？」明雪反覆沉吟著，過了幾分鐘，她恍然大悟的說：「我知道，這是密碼子。」

每三個核苷酸為一組，其中鹼基的順序，就稱為密碼子，在蛋白質合成的過程中，這些密碼子定義了要加上哪一種胺基酸。胺基酸總共有二十種，加上啟動和停止兩個指令，只要二十個指令就夠了，但是在可重複的情況下，由四種字母組成三個字母的密碼子，可以出現的排列情形有四乘四乘四合計共六十四種，遠超出所需的指令數，所以會出現不同密碼子下達同一指令的情形。

明雪急忙用手機上網，查出DNA密碼子表。她發現AAA對應的是離胺酸，縮寫為K；ATT對應的是異白胺酸，縮寫為I；TTA和TTG對應的都是白胺酸，縮寫為L；GAA對應的是麩醯胺酸，縮寫為E；CGT對應的是精胺酸，縮寫為R。這些密碼子對應出來的英文字是KILLER！也就是指控這家店是殺手！

難道……？嗯！應該沒錯，信封用膠帶封口是怕裡面的細菌或孢子在中途漏出來。故意跑到很遠的地方投遞，是避免警方追查。以密碼子所代表的文字咒罵收信人，是為了宣洩不滿的情緒。

明雪急忙用手機打電話給刑警李雄：「李叔叔，上個月你們是不是有調查過一件電視機壓死女童的意外？」

李雄說：「有啊！正好是我承辦的，最後以意外結案，沒有起訴任何人啊！」

明雪進一步追問：「請問女童家長是什麼背景的人？」

「軍方的生物學家啊！」

啊！果然是有生物學背景的人才會用DNA的密碼子寫信，而且以他的專業背景要取得炭疽桿菌的孢子應該也不難。

「怎麼啦？」李雄不知道明雪為什麼突然問起這個案子。

「李叔叔，我懷疑那個案子中的家長以生化武器攻擊電器行老闆，請您立刻前往那位家長的實驗室，調查是否有可以作為生化武器的菌種。」明雪說：「另一方面，也請鑑識專家張倩阿姨到電器行來蒐證，記得提醒她穿好防護衣，因為這裡可能有致病的菌種或孢子。」

當天下午，張倩打電話把調查的結果告訴明雪：「我在信封中找到炭疽桿菌的孢子。炭疽病也正因為會造成焦黑如炭的疤而得名，所以你由焦痂聯想到炭疽病是正確的推理。蘇老闆算幸運的了，因為孢子是通過他皮膚上的傷口進入體內，這種感染方式，幾乎沒有什麼致命力，只要服用抗生素就可以痊癒。如果是經由呼吸進入肺部，那致死率就很高，即使住院治療，通常也救不活。」

「寄信的人是那位家長嗎？」

「對，他因為痛失愛女，久久不能忘懷，最後將炭疽桿菌的孢子置入信中，趁著出差的機會，把信拿到南投去寄。」

「他承認犯行嗎？」

「他不承認也不行，因為我們在他的實驗室裡找到一根試管，裡面有炭疽桿菌，而且菌株經過比對，與信封裡的相同。」

明雪得到這個消息後，立刻就通知了電器行的蘇老闆。

「害你生病的人已經被捕，你只要安心服藥，這個病很快就會好的。」最後不忘提醒一句：「對了，等您康復以後，在幫我表姊安裝電視機時，記得要固定好，最好是鎖定在牆壁上。」

## 科學破案知識庫

炭疽桿菌在環境不好時，通常會轉變為休眠狀態的孢子（稱為內孢子），可在土壤中存活數年之久。孢子一旦進入動物體內，便開始大量繁殖，最後造成動物死亡。一旦宿主養分用盡，炭疽桿菌又將重回休眠態的孢子。人類感染炭疽病的途徑包括皮膚、肺、腸或注射。其中最危險的是經由呼吸進入肺的感染方式，患者會有發燒、胸痛及喘不過氣來等症狀，嚴重者可能死亡。幸好，大多數患者都屬於皮膚感染，故事中的蘇老闆也是屬於這一型的感染，所以症狀輕微。

案件13

# 最硬元素「砧」鑽

在一個炎熱的八月天中午，一名頭髮蓬鬆，留著鬍子，身穿灰色T恤，斜背著背包的年輕男子從巷子裡匆匆跑出來，差一點撞到明雪。明雪瞪了他一眼，男子連一句道歉也沒說，飛身一躍，跳過灌木叢。然而他的褲管卻勾到樹枝，害他踉蹌了幾步，他卻不敢停留，急忙跑走。

明雪覺得這個人有點奇怪，但也沒有多想，就走進快餐店。因為正值暑假，她打算用完餐後，前往位在附近的張倩阿姨的實驗室看看，如果能學一點鑑識的技術，就更好了。

明雪點好餐點後，就先付錢。製作排骨飯的單子交給了老闆，老闆一邊看著單子，一邊俐落的為客人打菜盛飯。明雪拿到餐後，就把盤子端到一旁的桌子，和一群建築工人坐在一起吃飯。

吃不到幾口，有一名矮胖的婦人跑進來，大聲嚷著說：「哎喲，你們後面的牆壁被噴漆了啦！」

老闆急忙放下手中的餐盒，隨著婦人的指引到後面巷子去查看，幾分鐘後，一邊咒罵，一邊走回店裡，並且立刻拿起電話報警。

那群建築工人好像是店裡的熟客，關心的問：「噴了什麼？你那麼生氣，是討債公司噴的嗎？」

不問還好，一問之下，更引發老闆的火氣：「什麼討債公司？我生意做得好好的，又沒有欠人家錢！」

「那是噴了什麼字？」其他顧客也好奇的問。

老闆搖搖頭說：「你們不要問啦！免得影響心情。」

這麼一說，引起更多人的好奇心。和明雪同桌的建築工人就紛紛起身跑到店的後面去看。明雪沒有跟著去，她只想專心把飯吃完。

幾分鐘後，那群工人議論紛紛的走了回來。

「竟然是噴『吃肉是暴力行為』七個字！」

「是吃素的人噴的嗎？」

工人坐回原來的座位，盡管議論紛紛，但是好像每個人都突然失去胃口，不久之後顧客們放下吃了一半的午餐，紛紛離開。看著餐盤裡的肉，明雪同樣也失去了胃口，她只把附贈的菜湯喝完，就走到餐廳後面去看那片牆。

那七個字是用紅漆噴的，字體不小，占據了半個牆面，字體歪歪斜斜，顯示噴漆的人很倉促。

「唉！你怎麼在這裡？」

明雪回頭一看，原來是張倩和刑警李雄一起前來。張倩胸前掛著相機，手上提著工具箱來蒐證。

「我正在這家快餐店吃午餐，沒想到遇上這種事。」明雪說：「不過噴漆是小事，說不定只是小鬼惡作劇，有必要出動刑警與鑑識專家嗎？」

李雄正色道：「這種事可大可小，我擔心是偏激的動物解放組織做的。」

張倩拿出相機拍下整個牆面，接著從工具箱取出鑷子，刮下一些紅漆，放入試管中。明雪在一旁靜靜觀察，剛好她本來就是想找張倩阿姨學一些鑑識技術，沒想到這麼快就親眼目睹刑案現場的採證。

張倩做完蒐證工作後，轉頭問明雪：「要跟我到實驗室看看怎麼分析這些紅漆嗎？」

「好啊！」哈，不必開口，阿姨就主動邀請她到實驗室。

走出巷子時，明雪突然想到了什麼，她蹲在快餐店前的灌木叢旁仔細觀察。

李雄覺得好奇：「你在看什麼？」

明雪指著樹枝尖端的一根纖維對張倩說：「阿姨，這根纖維可能是噴漆的嫌犯留下的，我建議你也收集回去當證據。」

「哦？」

「我剛才要進快餐店之前，可能差點被嫌犯撞到。他見我擋了路，就急著跳過灌木而去，褲管的纖維可能因此被樹枝勾到，」明雪形容了那個人的長相：「跑得那麼倉促，有點奇怪。而且他的背包裡可能就有噴漆用的罐子。雖然不一定是他，不過這也是不容放過的證據。」

李雄很高興的說：「如果你真的目擊到嫌犯的話，這個案子就不難破了，我現在就去調閱路口的監視器。」

你在看什麼？
阿姨，
這根纖維可能是噴漆的嫌犯留下的，
我建議你也收集回去當證據。
哦？
我剛才要進快餐店之前，可能差點被嫌犯撞到。
他見我擋了路，就急著跳過灌木而去，褲管的纖維可能因此被樹枝勾到……

回到實驗室後，張倩取出一個圓柱形的小容器，外形像相機的鏡頭，但是半徑大約只有兩公分。打開容器之後，張倩用鑷子把剛才從牆上刮下來的紅漆放到容器內，滴上一滴油，然後再把容器旋緊。

明雪不禁好奇的問：「阿姨，這是什麼儀器啊？」

張倩說：「這是鑽石砧。」

「鑽石砧？」明雪從來沒聽過這個名詞：「真的鑽石嗎？」

張倩點點頭：「沒錯，是真的鑽石，不過為了節省成本，通常使用人工合成的鑽石。」

鑽石是碳原子構成的，在高溫高壓之下，碳可以變成鑽石，目前人類已經有辦法用合成的方法製造鑽石。

「這個鑽石砧有什麼用途呢？」

「這個容器上下各有一顆鑽石，我們可以把要檢驗的樣品放進來，今天的樣品是漆和纖維。樣品放好後，滴入一滴液態烷類，目的是排除空氣造成的空隙。然後我們把它鎖緊，樣品就被夾在兩顆鑽石之間。因為鑽石很堅硬，可以承受很高的壓力。一般鑽石砧可以把樣品加壓到千億帕，也就是大氣壓力的一百萬倍。然後我們可以用各種電磁波——包括可見光、X射線或紅外線——穿過鑽石，對樣品進行分析。」張倩一邊操作一邊解釋。

「為什麼需要這麼大的壓力？」

「某些學科——如地球科學——的專家，在必須模擬地球內部的高溫高壓狀態時，就會用到鑽石砧。我們現在要檢驗的紅漆和等一下要檢驗的纖維都是不透明的物質，怎麼讓光線通過？就要盡量壓得愈薄愈好啦！鑽石砧可以把樣品壓到只有一微米的厚度，也就是百萬分之一公尺那麼薄。薄到能讓光線通過，才能做光譜的分析。」張倩把鑽石砧放入光譜儀。

「難道就沒有別的辦法嗎？」

「在發明鑽石砧之前，要達到這麼大的壓力，必須使用重達幾噸的水壓系統，體積大到我這間實驗室放不下的程度。」張倩環顧了一下實驗室：「一九四六年諾貝爾物理獎得主布里基曼最早提出用兩個砧板夾住樣本的設計，當時他用的材料是碳化鎢，可以承受幾十億帕的壓力，後來的人才改用鑽石。」

明雪國中就學過鑽石是最堅硬的物質，也是折射率很大的物質，所以切割完的鑽石才會光彩奪目，因為射進去的光線想離開鑽石的時候，會因全反射而無法透出來，在鑽石內部來回反射好幾趟，才有機會射出來。到了高中，老師又說鑽石是導熱性最好的元素。總之，鑽石確實有其特殊之處，不僅僅是因為物以稀為貴而已。

「不只這樣。鑽石可以讓大多數電磁波——也就是一般人說的光——通過，只有少數幾個波段例外——如軟性 X 射線。所以用鑽石砧夾緊後，就可以進行光譜分析。」

「什麼是軟性X射線呀？」

「能量比較低的X射線叫軟性X射線，一般來說，波長在零點一至十奈米的叫軟性X射線，波長在零點零一至零點一奈米的叫硬性X射線。」

明雪點點頭，她國中學過，波長愈短的電磁波，能量愈強。這麼說來，醫院的X射線是能量比較強的硬性X射線，難怪老師說一年不能做太多次X射線檢查，懷孕婦女也不能照X射線，因為能量太高，會對胎兒造成傷害。

張倩做完紅漆的光譜分析後，又取了剛才從樹枝上採到的纖維，同樣放入鑽石砧裡進行分析。

數據收集完畢後，張倩解釋道：「市面上販售的噴漆，我們平日就已經建檔，只要從資料庫進行比對，就可以知道噴漆的廠牌。至於纖維嘛！就要等抓到嫌犯後，再和他身上或衣櫃裡的布料進行比對了。」

接下是冗長的比對工作，交給電腦做就可以。明雪今天學到鑽石砧的用途與原理，覺得收穫豐富，便向阿姨告辭回家。

剛走進客廳，明雪聽到一個大嗓門的女性正在和媽媽聊天，她就知道媽媽的「貴婦」朋友吳阿姨來了。

吳阿姨的聊天內容千篇一律，都是在誇耀自己又刷卡多少錢，買了什麼奢侈品，現在吳阿姨正在吹噓她最近買的一顆鑽石：「你看多漂亮，才花了我十八萬而已……」

吳阿姨見明雪走進來，很高興又多了一名聽眾：「來，來，明雪。你看看阿姨新買的鑽石漂亮不漂亮？先讓你們欣賞一下，我明天才要拿去銀樓請他們鑲在戒指上。」說完便把鑽石遞到明雪面前。

明雪只好接過鑽石仔細端詳。這是一枚已切割好的裸鑽，樣子晶瑩剔透，確實很漂亮！為了表示她很感興趣，明雪就照老師上課講過的鑽石的性質，逐一測試。她先對鑽石哈一口氣，上面立刻出現霧氣，等了好幾秒，霧氣才散去。她心中浮起一絲不安。接著她把鑽石頂部那個平面平貼在報紙上，她由上方透過鑽石看報紙上的字，字體扭曲模糊。她用筆在報紙空白處畫一個黑點，把鑽石移到黑點上面，她看到一個放大的圓。

吳阿姨看明雪不像在欣賞，比較像在做實驗，就焦急的把鑽石收回去：「你在做什麼？」

明雪有點為難，不知道該不該講。

媽媽催促明雪：「阿姨問你話，怎麼不回答？」

明雪鼓起勇氣說：「阿姨，你買這顆鑽石，有請專家鑑定過嗎？」

「專家？賣我的人本身就是珠寶專家啊！他再三向我保證這顆鑽石的等級

很高。」吳阿姨大聲的說。

明雪不禁苦笑：「阿姨，單價這麼高的商品，最好找公正第三方鑑定過再付錢，比較安心。」

「你覺得有問題？」

「嗯！鑽石是導熱性最好的物質，散熱很快，對著鑽石哈氣，不應該出現霧氣，即使出現霧氣，也應該在一到二秒內散去。」明雪說出她的疑慮：「鑽石同時是折射率很高的物質，把鑽石平放在字或點上都應該看不到原來的字和點。您買的這顆鑽石並沒有通過這兩項測試。」

吳阿姨把鑽石放進皮包裡，生氣的站起身來：「你不必使用儀器檢測，就說這顆鑽石是假的。哼！也太厲害了吧！」

明雪急忙澄清：「我承認這麼簡單的檢驗方法不精準，所以只是提醒您要找專家鑑定比較安心。」

吳阿姨不等明雪解釋，身子一扭，就離開了，留下媽媽和明雪面面相覷。

明雪難過的說：「媽，對不起，我沒想到善意的提醒會惹得阿姨不開心。」

媽媽苦笑的說：「沒關係啦，吳阿姨心直口快，沒有惡意，否則我也不會和她做朋友。如果她發現你說的對，她會回頭感謝你的。別擔心，我現在去煮飯，半小時之後開飯。」

不久之後，爸爸和弟弟也回家了。趁著晚餐時間，明雪把快餐店的噴漆事件講了一遍，家人都認為愛護動物是對的，吃素也是既健康又環保，但是手段太激烈，就有點恐怖。

飯後李雄打電話來了，他告訴明雪：「案子破了，根據你的描述，我們從街

頭的監視畫面找出嫌犯，從他家找出的噴漆和褲子布料都和現場收集到的證物相符。幸好他是獨自犯案，不屬於任何組織。」

明雪剛放下聽筒，電話鈴聲立刻又響起，這次是吳阿姨打來的。

「明雪啊！阿姨剛才錯怪你了。我離開你家以後，就找鑑定所請他們鑑定這顆鑽石，他們用儀器檢測過後，也說是假的，我已經向警方報案。你不會生阿姨的氣吧？謝謝你提醒阿姨，明天我招待你到百貨公司的貴賓室吃甜點。」

明雪說：「謝謝阿姨，不過我明天已經安排活動了。」

「那我邀請你媽媽去好了，你現在把聽筒交給媽媽。」

媽媽遠遠的對著電話喊著：「我聽到了，你嗓門那麼大，我們全家人都聽到了。」

所有的人都哈哈大笑。

## 科學破案知識庫

鑽石有很多獨特的性質，它是硬度最大的物質，所以切割玻璃的刀刃，開採石油的鑽頭，早期電唱機的唱針尖端，都是用鑽石做的，本文中介紹的鑽石砧也是利用它的硬度。鑽石是網狀結構，可以承受數千度的高溫，鑽石砧除了高壓，也可以承受高溫。鑽石的折射率高，所以光彩奪目。鑽石的導熱性最好，市面上就有種鍍鑽石的電腦晶片，這種晶片散熱快，不會因過熱而減緩運算速率或當機。

案件14

# 藥命副作用

國慶日連續假期，明雪一家人決定到南投縣日月潭風景區遊玩，晚上再住宿到潭邊的旅館。爸爸開車行至中潭公路時，路上的車輛逐漸減少，兩旁的綠樹逐漸變多，明雪正放鬆心情打算好好欣賞路邊風景，卻聽到爸爸的嘆息聲。

媽媽問：「怎麼啦？」

爸爸抬了抬下巴：「你們看前面那輛車，駕駛是不是喝醉酒了？」

媽媽、明雪和明安全都挺直身體往前瞧，果然前面有輛銀色轎車開得歪歪斜斜，忽左忽右，在公路上不斷蛇行。

媽媽提醒爸爸：「你放慢點，最好和他保持距離。」

明雪嘆了口氣說：「我們保持開在他後方至少是安全的，但是對向的車子就危險了，要是不小心對撞，後果不堪設想。」

媽媽擔心的說：「那該怎麼辦？我看還是報警處理好了。」

明雪聽媽媽這麼說，就拿出手機準備要撥號，但是說時遲，那時快，那輛車突然偏轉方向，往路旁一棵高大的樟樹撞去，發出一聲巨響，隨即停在樹的前方。明雪一家人全都被這一幕嚇得驚聲尖叫，爸爸趕緊把車停在大樹左後方的路邊。

媽媽打開副駕駛那一側的車門，第一個跑到撞毀的車輛旁察看。只見車頭已經撞凹，駕駛座的氣囊彈出，駕駛原來是一位小姐，她的上半身全都陷入氣囊之中，人已經昏迷。媽媽急忙扶起她的頭，免得氣囊遮住她的口鼻而影響呼吸。

這時爸爸、明雪和明安也已經下車，媽媽急忙請明雪叫救護車。

明雪說：「已經叫了，本來只是要舉報酒醉駕車，沒想到目睹車禍，就立刻向警察報告了。受理的警員說，他們會通知救護車一起前來。」

這時候傷者動了一下，爸爸高興的說：「還好醒過來了。」

明雪上前關心：「小姐，你還好嗎？」

傷者呻吟著，以虛弱的口氣回答說：「我覺得胸口痛，而且喘不過氣。」

媽媽安慰她說：「再忍耐一下，救護車馬上到了。」

果然警笛聲由遠而近，警車和救護車一起趕到。

救護員抵達後，在觀察傷勢並和傷者簡單對話幾句後，小心翼翼的打開轎車的車門，把傷者移到擔架上，抬上救護車，就急駛而去。

警車上走下來的兩名警察，其中一位看起來較為資深的鍾姓員警，正在詢問爸爸媽媽車禍發生的經過。

爸爸把事件經過詳細描述了一遍，就見另一名較年輕的馮姓警員皺著眉說：「聽你們的描述，她似乎是喝了酒之後還開車，這種行為真要不得。這樣好了，

嗚……
還好醒了過來了。
小姐，你還好嗎？
我覺得胸口痛，而且喘不過氣。
再忍耐一下，救護車馬上就到了。
嗚咿～！
嗚咿～

看你們的樣子，應該是遊客，難得的假期，我就不耽誤各位的旅遊。不過，請你們留下聯絡電話，如有必要，我再請你們到警局提供證詞。」

因此兩名警察留在現場丈量拍照，爸爸則開車上路，繼續往遊樂場前進。

進入遊樂場後，因為肚子太餓，明安直奔附設的餐廳。沒想到吃飯當中，雨就唏瀝嘩啦下了起來。兩個小孩吃飽飯就在室內遊樂場玩，爸爸媽媽繼續留在餐廳裡喝咖啡聊天。這雨一直下到傍晚，眼看天色逐漸暗下來了，爸爸就招呼家人上車：「要到飯店辦理投宿了。」

遊樂園與飯店的距離很近，只要開一小段山路就可以抵達，可是媽媽突然想起自己忘了帶安眠藥。媽媽最近兩年，有難以入眠的困擾，需要服用醫生開的安眠藥幫助睡眠。

於是爸爸把車子開到街上，找到西藥房之後，就拿著媽媽寫下的藥名進去購買，可是幾分鐘以後，他空著手出來。

「藥劑師說那是管制藥，沒有醫師處方箋不能買。」

「到下一家試試看好了。」

幸好過了幾個路口，又出現另一家西藥房，爸爸又停車下去買。幾分鐘後，又空手出來。

連續兩家都不賣，媽媽只好放棄：「算了，今晚試試看不用藥能不能入睡。趕快到飯店吧，不然明安又要喊肚子餓了。」

他們是購買飯店一泊二食的方案，所以晚餐就在飯店附設的餐廳享用歐式自助餐。吃完晚餐後，一家人前往飯店的健身房運動完，就回到房間休息了。

第二天早上，明安拉開窗簾，不禁大聲讚嘆：「哇！好美喔！」

在晨光照耀之下，日月潭的美景盡入眼簾。大家在明安的讚嘆聲中醒來，都到陽臺來欣賞潭面美景。

爸爸關心的問媽媽：「你昨晚睡得好嗎？」

媽媽開心的說：「本來擔心沒有安眠藥可能會睡不著，沒想到出乎意料，竟然一覺到天亮。大概是運動了一個晚上，身體太累了吧！」

爸爸說：「那還不簡單，以後你就天天運動，幫助睡眠，總比吃藥好。」

明雪大表贊同：「對啊！藥物都有副作用。因為某些安眠藥是管制藥，因而昨天買不到，這引起我的好奇，利用空檔在網路上搜尋了一番，發現有些安眠藥的副作用非常可怕。」

明安不想浪費這美好的早晨，打斷他們的談話，嚷著要到潭邊逛一逛。

媽媽說：「嗯，飯店的早餐要七點以後才供應。這雨從昨天中午下到半夜，終於停了。我們的確應該把握機會到潭邊走走。」

散步後回到飯店吃早餐，一家人討論著今天的行程，難得來一趟日月潭，當然要多待一會兒，最好能搭船遊潭。正討論著，爸爸的手機突然接到電話，是昨天處理車禍的鍾警官打來的。他說有些疑點，需要他們今天早上到愛蘭派出所協助調查。

媽媽皺著眉說：「那今天早上的遊潭計畫不就泡湯了？」

可是兩個小孩卻很興奮：「協助調查？很有趣喔！」

爸爸忍不住潑他們冷水：「他們只是要求我們提供目擊的報告，你們以為真的要動用你們兩位小偵探協助調查嗎？」

「不管啦！說不定我們能夠提供一些意見喔！」明安信心滿滿的說。

於是他們吃完早餐後，整理一下行李，便提早離開日月潭風景區，沿著中潭公路往回開，二十分鐘後，就到達愛蘭派出所。

他們向門口的值班警員表達來意後，他立刻通知鍾警官和馮警員出來。

鍾警官滿懷歉意的對他們說：「不好意思，我知道你們正在渡假，但是……」

媽媽擔心的問：「那位受傷的小姐傷勢很嚴重嗎？」

「傷勢確實不輕，不過經過醫院治療，已經減輕許多，目前仍然留在埔里基督教醫院治療中。」馮警員細心的解釋著。

爸爸不解的問：「那為什麼需要特別找我們來問話？」

鍾警官說：「因為你昨天說她開車歪歪斜斜的，疑似酒醉駕車，可是醫院為她做抽血檢驗，酒精濃度為零。傷者的姓名叫黃羿蓓，她也堅稱自己沒有喝酒，所以我們想找你確認一下她昨天開車的情況。另外，很尷尬的是……她說她本來手腕上戴著的名貴女用金錶不見了。」

陳家人對看了一眼，爸爸不解的問兩名警察說：「原來你找我們來問話，是懷疑我們偷她的錶，要調查我們嗎？」

鍾警官極力解釋：「您別誤會，我沒有懷疑你們的意思，如果你們真的偷了她的錶，應該不會留在現場等我們警方到達。只不過現在這個案子從單純的車禍演變成竊盜事件，我們非調查清楚不可。」

明雪突然低頭滑手機，爸爸則說：「我不確定她昨天有沒有喝酒，可是昨天她開車的樣子就是很怪……啊！我想到了，我有行車紀錄器，應該有錄到她開車歪歪扭扭的模樣，說不定也錄下了從她撞樹到你們抵達期間的全部過程，可以洗清我們的嫌疑。你稍等一下，我去車上取記憶卡。」

這時候明雪抬起頭來，對媽媽說：「我查了地圖，基督教醫院和派出所在同一條街上，只相差五百公尺，我想去探望一下黃小姐。」

媽媽知道明雪想發揮小偵探的本能去找傷者問話，不過她質疑的說：「她和我們又不熟，冒冒失失的跑去，她肯見我們嗎？」

鍾警官說：「沒問題，昨天她情況稍微穩定，接受我們問話後，一直說要當面謝謝你們一家人搭救呢！這樣好了，陳先生留下來協助我們釐清疑點，馮警員帶你們其他人到醫院探視黃小姐，這樣比較不會耽誤你們寶貴的時間。」

於是馮警員開著警車載媽媽、明雪和明安到了醫院。

黃小姐看起來仍然很虛弱，而且昏昏沉沉，認不出明雪一家人，不過在馮警員告訴她，這就是昨天搭救她的人之後，她立刻打起精神，由病床上坐了起來，並且結結巴巴的頻頻道謝。談起車禍原因，雖然說話結巴，她仍然堅持自己沒有喝酒。

馮警員安慰她說：「別擔心，抽血檢驗已經證實你沒有喝酒。現在只是要找出你出車禍及遺失金錶的原因與經過。」

她困惑的說：「我也不知道為什麼會撞到路樹，事實上，我只記得當天中午我在鎮上一家餐廳用餐時，因為國慶假期，用餐的客人多，服務生就安排一名找不到座位的客人和我坐同一桌。那個人一直說，為了謝謝我願意和他併桌，要請我喝飲料，我在盛情難卻的情況下，喝了一杯他買的可樂，後來的事，我就不記得了。」

明安問：「那瓶可樂是你自己打開的嗎？」

「不是瓶裝的可樂，是他到櫃檯點的，用紙杯裝的可樂。」

馮警察也看出問題出在哪裡了：「這種杯裝的飲料由櫃檯端回桌子，中途可能被下藥啊！」

明雪點點頭：「嗯，我想，誰偷了黃小姐的金錶應該不難猜了。事情的經過應該是這樣的，歹徒看中黃小姐手腕上的金錶，所以在請她喝的可樂中加了藥——我猜是安眠藥——令黃小姐昏昏沉沉後，歹徒趁機偷走了她的金錶。黃小姐在迷迷糊糊之際，勉強開車上路，因為藥物的作用，導致開車歪歪斜斜，終於撞到路樹而受傷。現在警方應該請求醫院針對傷者是否服用安眠藥進行檢查。」

馮警員吃驚的問：「你的推論很合理，也與案情發生經過符合，但是你怎麼能那麼快就推論出她是被下藥的？」

明雪說：「因為我們昨天就跟在她的車子後面，親眼目睹她車子開得歪歪斜斜的模樣，顯示她當時運動失調，可是檢驗報告又說她沒有喝酒，那麼唯一的可能就是藥物影響。昨天我因故查了一些安眠藥的副作用，像黃小姐只記得喝飲料之前的事，而忘記喝了飲料之後的事，這叫順行性失憶。某些安眠藥，如羅眠樂，就會引發此種失憶症。另外，你看黃小姐現在說話結巴，人很虛弱，這些全都可能是藥物造成的。」

馮警員點點頭，贊同她的推理：「如果像你所猜測的，黃小姐的可樂裡加了羅眠樂的話，歹徒的動機實在很可怕，這種藥又稱為FM2，被濫用為約會強暴藥物。」

這時候，鍾警官也陪著爸爸到醫院來了。

爸爸說：「幸好我車上的行車紀錄器全程錄下車禍發生的經過，直到警方到來之前，我們的一舉一動，包含我們之間的對話全都錄下來了，證明黃小姐遺失金錶不干我們的事。現在我們可以出發前往銅鑼了。」

鍾警官向他們鞠躬道歉：「對不起，耽誤你們的時間。」

這時候，馮警員上前向他報告明雪等人的發現。

鍾警官很高興案情有了突破，立刻指示馮警員：「你趕快到黃小姐所說的那家餐廳調閱錄影畫面，看看是誰買可樂請黃小姐喝的。中途有沒有在可樂中下藥，也要觀察清楚。我去向醫院交涉，進行藥物檢驗。」

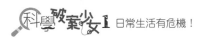

爸爸則指著醫院門口：「我的車子就停在外面，我們趕赴下一個行程吧！」

他們參觀完客家文物館後，爸爸便開車載全家人前往附近的一家餐廳用餐。一家人用完餐，悠閒的聊天，準備稍作休息後北返。

沒想到鍾警官打電話來了：「謝謝你們家兩位小偵探，我們在餐廳的錄影畫面中找到歹徒下藥和偷錶的畫面，人也辨認出來，已經前往逮捕。另外醫院重新做的檢驗也證實黃小姐服用了高劑量的羅眠樂。」

肚子填飽，又聽到破案的消息，明安開心的笑了。

## 科學破案知識庫

羅眠樂，俗稱 FM2，最早是用來治療失眠症的鎮靜藥。羅眠樂會產生依賴性，如果服用過量，會造成平衡與語言能力受損、呼吸窘迫、昏迷，甚至死亡。羅眠樂溶於水中，形成無色、無臭和無味的水溶液，所以被歹徒用於「約會強暴」。可是在統計上顯示，此類藥物被用於搶劫的案件多於性侵害。羅眠樂的另一項副作用就是順行性健忘，也就是忘記服藥後發生的事情，造成警察偵辦困難。

國家圖書館出版品預行編目資料

科學破案少女. 1, 日常生活有危機！／陳偉民著.
-- 初版. -- 臺北市：幼獅文化事業股份有限公司, 2023.04
面； 公分. -- (科普館；15)
ISBN 978-986-449-282-4(平裝)

1.CST: 科學 2.CST: 通俗作品

308.9 112000337

・科普館015・

# 科學破案少女1 日常生活有危機！

作　　者＝陳偉民
繪　　者＝LONLON
出 版 者＝幼獅文化事業股份有限公司
發 行 人＝葛永光
總 經 理＝王華金
總 編 輯＝林碧琪
主　　編＝沈怡汝
編　　輯＝白宜平
美術編輯＝李祥銘
總 公 司＝10045臺北市重慶南路1段66-1號3樓
電　　話＝(02)2311-2832
傳　　真＝(02)2311-5368
郵政劃撥＝00033368

印　　刷＝崇寶彩藝印刷股份有限公司
定　　價＝320元
港　　幣＝106元
初　　版＝2023.04
書　　號＝936058

幼獅樂讀網
http://www.youth.com.tw
幼獅購物網
http://shopping.youth.com.tw
e-mail:customer@youth.com.tw

行政院新聞局核准登記證局版臺業字第0143號